心中有颗梦想的种子 

植梦花园

Let's Go to the Garden

从游走世界到回归故乡的园艺旅程

张彩虹　著

长江出版传媒　湖北科学技术出版社

图书在版编目（CIP）数据

植梦花园 ： 从游走世界到回归故乡的园艺旅程 / 张彩虹著. -- 武汉 ： 湖北科学技术出版社， 2025. 7.
ISBN 978-7-5706-4252-6

Ⅰ. TU986.2

中国国家版本馆 CIP 数据核字第 2025DN1995 号

植梦花园 ： 从游走世界到回归故乡的园艺旅程
ZHIMENG HUAYUAN : CONG YOUZOU SHIJIE DAO HUIGUI GUXIANG DE YUANYI LÜCHENG

责任编辑：张丽婷　　封面设计：曾雅明　俞诗恒
责任校对：陈横宇　　封面摄影：Aden Si

出版发行：湖北科学技术出版社
地　　址：武汉市雄楚大街 268 号（湖北出版文化城 B 座 13—14 层）
电　　话：027-87679468　　邮　　编：430070

印　　刷：湖北金港彩印有限公司　　邮　　编：430040

889 毫米 ×1194 毫米　1/20　11 印张　200 千字
2025 年 7 月第 1 版　2025 年 7 月第 1 次印刷
定　　价：88.00 元

作者简介

张彩虹

威海三华贸易 CEO

PLANTS DREAM 品牌主理人

威海 Open Garden 活动发起人

出生于山东威海，现旅居日本神户。20 多年的园丁，热爱花草植物和花园生活，热衷于分享园艺的乐趣，创立 PLANTS DREAM（植梦）品牌，致力将花园生活美学传达到每一位热爱生活的人们心中。

前　言

记忆里，儿时生活的小渔村，家家有草，户户有花，是个空气中都弥漫着浓郁海鲜味道的美丽渔岛。父辈们都是热爱花草的人，家中小院子里，除了种着各种蔬菜，还种满了百合、夹竹桃、栀子花……风起时，空气里淡淡的花香总能让人神清气爽，这也为我涉足园艺埋下了种子。

我的花园位于山东威海，这座小而清新的海滨城市，是我的故乡。花园里有两棵粗壮的大榆树，我们依势而建，为儿子打造了他梦想中的小树屋，作为他的7岁生日礼物，也成了他儿时的乐园。如今，树屋是花园里最显著的标志性建筑，也是“树屋花园”名字的来由。

到2025年，我的园居生活已经走过了22个年头。寒来暑往，季节更迭，起初在花园四处种下的藤本月季如今有些孱弱，而攀缘在入户大门藤架上的凌霄花，腰身已比我的小腿还要粗壮……园中四季，植物不语，却本能地发芽、生长、绽放、凋落，无时无刻不在滋养着我的内心，也让我无论身处何地，看待世界的目光都多了些许芬芳。

花园是自然的小小缩影，于方寸之间，感受四季的变化，这便是幸福。从结识燕子姐到共同发起威海的Open Garden（开放花园）活动，从世界花园之旅到国内的花园拜访，从辞职下海创业到旅居日本生活，从创立PLANTS DREAM品牌，到学习摄影举办个人花草摄影展…… 一切均源于心中的梦想，源于对园艺的理解和热爱，总想距离梦想近一点、再近一点，更想把做过的梦都一一实现！

当园居生活成为日常，我们会发现，花园里不只有辛苦的劳作，更有花园杂货、花园穿搭、花园手作、花园派对、花园旅行等一系列值得去创造和发现的花园生活美学。每个人都有自己打开花园的方式，正因有了这份共同的热爱，我与这个世界有了全新的连接——遇见有梦想和热爱生活的你。

这本书也是我的一个梦想，想把这些年与花有关、与梦想有关的人和事逐一记录下来，是一个小小的总结，更是一份全新的分享——分享园艺的乐趣，分享花园生活的美好，期待着我们的相遇！

目 录
CONTENTS

PART ONE
植梦·播种

PART TWO
植梦·萌动

PART THREE
植梦·新绿

PART FOUR
植梦·共生

PART FIVE
植梦·绽放

PART ONE

植梦·播种

一颗向外探索的心，让我追随着花园之旅的花香启程，用脚步丈量他乡的园艺世界。去体验英式花园的自然天成，去见证法式花园的浪漫与规整，去感受加州阳光下花草蓬勃的生机……每一片异乡的泥土，都藏着不同的花园故事。当足迹穿越地域经纬，也悄悄在我心中播下了梦想的种子。

Monet Garden
与色彩大师的园艺低语
法国｜莫奈花园

从聆听内心声音开启园艺之梦，到向外探索世界花园之美，首次的追梦旅程，我跟随着蔡丸子的世界花园之旅与一众花友去了法国。一路好奇与探索，忐忑与亢奋。同频的我们，换上白色的衣裙“撒欢”在普罗旺斯的薰衣草花田里，牵着彼此的手，定格于微醺的薰衣草花园的夕阳下……当衣裙间还残留着薰衣草余香，我们又一路狂奔，去了心心念念的莫奈花园。惊叹于莫奈这位闻名于世的色彩大师，用一生浪漫的笔触，泼洒出五彩斑斓的花园。

莫奈花园，位于巴黎以西 70 千米的吉维尼小镇，是画家莫奈的故居。花园始建于莫奈 50 岁的时候，他在这里度过了后半生。作为印象派大师，他的绘画和园艺成就都成为世间的宝物。莫奈深受日本文化影响，花园设计融入诸多日本元素，连花材都是拜托巴黎画商辗转从日本进口而来的。

莫奈花园分为水园和花园两部分，花园又名诺曼底花园。走进诺曼底花园，第一眼便被色彩的狂欢击中——红色的虞美人与蓝色的飞燕草、紫色的鸢尾与橙色的金盏花在阳光下碰撞，粉色的玫瑰与深粉色的大丽花等各种对比色、同色系在视觉上碰撞着却又奇妙地和谐。莫奈深谙色彩的魔法，他用画家的视角来规划花园，将花朵当成花园的调色板。他大胆运用各种色彩搭配，却不让任何一朵花沦为配角。我们在长廊花境里徘徊

探索，猜想也许正是这种看起来随意，实则精心的色彩布局，才能成就如此野性、斑斓的景致吧。没错，这位色彩大师就是采用自然主义的设计手法，让植物自由生长，形成看似无序实则有序的美感。他会按四季的轮回，选择不同花期的植物，来确保花园全年色彩斑斓。

炎夏午后，花园却清凉如进入秘境。月季‘安吉拉’爬满拱门，倾泻而下，形成一道粉色瀑布。虽然不能踏入花丛，但站在廊架下，看阳光透过花瓣洒落，光影斑驳，亦美得有些失真。

而水园更是日本园林的复刻——垂柳拂水、竹影婆娑，绿色的日式拱桥横跨池塘之上，睡莲静静浮在水面，黄色、淡紫色等各色睡莲花点缀其间，偶尔有蜻蜓点水，涟漪荡开，美好的画面就是一幅莫奈的画作。那座著名的绿色木桥，灵感源自莫奈收藏的浮世绘。桥身被紫藤覆盖，穿行其间，可以想象下春天如画卷般的美妙。

莫奈与日本的缘分，远不止于花园里的日本桥与鸢尾。在东京都国立美术馆，我曾站在巨幅《睡莲》前，看画布上的笔触如何将光影凝固成永恒；也曾在直岛的地中美术馆欣赏过天光映衬下曼妙的淡粉色调的《睡莲》作品。而更奇妙的是，日本许多花园都在复刻莫奈的花园，如滨名湖的 garden park、比睿山花园美术馆、金泽二十一世纪美术馆睡莲池等。或许，莫奈的花园本就是一种世界语言，它跨越文化，直抵人心。

莫奈花园不仅是植物的狂欢，更是光与色彩的盛宴。美不必拘泥于形式，重要的是以怎样的心态去观察、去感知。正如英国园艺作家蒙提·唐所言，“在吉维尼，我们看到的不是一座花园，而是一个关于人类如何与美共生的永恒答案”。

Dina Garden

花草疗愈的力量

比利时 | 迪娜花园

第一次踏上比利时的土地，也是参加了蔡丸子组织的世界花园之旅。那一趟行程中，我们探访了多家对外开放的花园，而比利时的迪娜花园，便是其中最令人难忘的一站。在前往参观前，陪同的翻译便向我们简单介绍了花园背后的故事，让我们对这座花园充满了好奇与期待。

迪娜是比利时颇负盛名的花园设计师，然而，20 多年前的一场大火，彻底改变了她的人生轨迹。那场灾难让她的面部严重烧伤，也让她陷入了绝望的深渊。后来，她和丈夫托尼买下了如今这片土地。躺在病床上的迪娜，怀着复杂的心情完成了花园设计的初稿，她打算从此隐居在这座花园中，远离尘嚣。

然而，花园的建造过程悄然开启了她心灵的疗愈之旅。随着花园的一砖一瓦、一花一草逐渐成型，那些生机勃勃的花草，仿佛拥有神奇的力量，一点点抚平了她内心的伤痛。在此之后，迪娜经历了几十次手术，才恢复到现在的模样。可以说，是这片倾注了她无数心血的花园，让她的身心得到了重生，让她重新找回了生活的勇气和信心。

迪娜对花园有着深刻的理解，在植物配置方面更是独具匠心。她巧妙地选择不同植物，让它们的颜色、高度、冠幅相互映衬，和谐共生。花园里花草品种繁多，每一种植物在不同季节都展现出独特的风姿，构成了一幅幅变幻多姿的美丽景色。令人惊叹的是，这座花园面积足有 6 万平方米。迪娜根据地貌特征，将其精心划分成英式前庭、香草园、树荫花园、池塘花园等多个风格迥异的独立区域。

不难看出，迪娜对英式风格的花园情有独钟。花园的英式前庭里，各种花草蓬勃生长，从春天到秋天，这里始终演绎着四季更迭的绚烂色彩。后花园的房子门窗被漆成柔和的草绿色，与周围的自然景观完美融合。自然做旧的背景木板、深浅不一的绿色植物，仿佛与整个花园浑然一体，营造出一种宁静而美好的氛围。

花园的西墙俨然成为花草的舞台，紫藤、百合、铁线莲竞相绽放，争奇斗艳。而最让我心动的，是窗前那一丛洁白的铁炮百合。百合于我而言，承载着满满的童年回忆。小时候，我家窗户下也种着这样一丛白色百合，夏日的夜晚在院子里乘凉，百合那独有的清香萦绕四周，成为我记忆中最芬芳的童年味道。无论是在威海的树屋花园，还是在神户的 PLANTS DREAM 小花园，我总会在窗前种上一丛白色铁炮百合。在迪娜的花园里，当我看到这熟悉的百合，仿佛一下子回到了童年时光，内心满是温暖与慰藉，忍不住在百合前坐下，享受这份难得的宁静与美好。

逛了大半个园子后，我们正巧遇见迪娜送走一批访客。于是，我们有幸与她围坐在铺着印有橄榄枝的桌布的花园桌前，畅聊她对植物的热爱以及开放花园过程中遇到的有趣故事。大家热情地邀请她来中国做客，迪娜也满心期待。随后，意犹未尽的我们继续探访花园的每一个角落。我和同行的花友睫毛一同前往池塘花园，在这片绿意盎然的天地里漫步、拍照，随心感受与大自然对话的美好时光。

在英式前庭的对面，一条小石径穿过绿篱，将我们引入主人的后花园，这里通往香草园和静谧的树荫花园。香草园以绿篱为界，低矮的黄杨被设计成精致的几何图形，图形中间种满了各种做沙拉用的香草，古老的抽水井成为整个香草园的视觉焦点。

穿过牧场时，转角处飘来阵阵花香。抬头望去，只见白色的蔷薇花沿着大树攀爬而上，目测足有二三十米高。我站在树下，久久地凝视着这壮观的景象，脑海中不禁想象着，如果将它种在威海树屋花园的大榆树下，又会是怎样浪漫的一番场景。那一刻，我便有了新的目标，要在未来的各大花展中寻找它的身影。

迪娜花园通过绿篱、树木和道路，巧妙地将各个区域连接在一起，每个区域的花境都搭配得恰到好处。而花园里的各种装饰，更是为其增添了独特的魅力。在迪娜家的工具房里，挂着许多既是装饰又可食用的干香料花草；树荫花园中，憨厚可爱的动物小品，尤其是木头雕刻的猫头鹰，与周围环境自然融合；谷仓的小窗上，摆放着色彩鲜艳的玻璃鸟装饰，十分抢眼；那些随手搁置的器皿，也成了别具一格的花园装饰，处处体现了主人的用心，让整个花园充满了生活气息和趣味。

世界广袤无垠，而园艺无国界，对于园艺、对于花园的热爱，将不同肤色、不同语言的人们紧紧相连。大家在花园中分享美好，让花园成为疗愈心灵的圣地，而我们也如同花儿一般，在经历风雨后，定会重新绽放光彩。

Heronswood Garden

漫步滨海花园的诗意

澳大利亚 | 赫隆斯伍德花园

赫隆斯伍德花园静卧在墨尔本以南 80 千米的海岸线上。当我踏上百年石屋的台阶，眼前这片与威海家中树屋花园相似的海景，让海风裹挟的咸涩中陡然浸染了一些故乡的味道——原来园丁的乡愁，总是藏在面朝大海的绿意里，藏在年年如期而至的春暖花开中。

花园中最令人惊叹的是那些独立的小天地：规则式百里香花坛散发着地中海气息，对称式蔬菜花园将实用与美学融合，造型果园展示着园艺师的巧思，多年生花境演绎着四季更迭的诗意。

作为澳大利亚首个经有机认证的花园，这里不仅培育着品类丰富的花卉绿植，更珍藏着许多濒临消失的古老蔬菜、水果和香草品种。19 世纪栽种的大叶无花果树至今枝繁叶茂，为亚热带花园撑起一片绿荫；精心修剪的苹果树造型独特，既节省空间又具观赏性；莲花池畔的橄榄树与十月绽放的蓝蓟草，勾勒出迷人的地中海风情。那些开着深红色花朵的古老蚕豆，让我想起我的小花园里同样倔强的紫眉豆，都带着时光沉淀的独特韵味。

房前和廊架下一丛丛粉色、白色野棉花恣意绽放，展现出原始的生命力。我就是在这里“种草”了野棉花，回到树屋花园后便下单购买，埋下块茎之后，不知是浇水不当还是气候原因，花园里从未见野棉花的身影，而西安的波斯菊姐姐的花园里，野棉花却年年花开满园，让人“垂涎三尺”。

最令我着迷的是那座法式蔬菜园。旱金莲的金黄藤蔓缠绕着莴苣的翠绿叶片，瑞士甜菜绛红的叶脉与欧芹的嫩绿交织——这哪里是菜园，分明是一幅生动的印象派画作！蔬菜园里种着高大的菜蓟，匍匐百里香幽幽散发着香气。园丁们以惊人的“控场”能力，在规整的几何构图中为植物留出自由呼吸的空间，让金黄的花朵恰好垂落在翠绿之上，创造出令人惊叹的视觉韵律。这种克制的浪漫，正是法式园艺最迷人的特质：在规则中见灵动，在秩序里藏惊喜。

午后阳光正好，赫隆斯伍德花园里裙摆飞扬的我们留下“豪放”的欢笑，那笑声洒落在花园的每一处角落，也留在了记忆深处。同行的朋友——资深编辑曾妈、花园生活美学家睫毛、杂货女王啊布、花园设计师侯晔、生活家 Jessie 等，都在各自的领域里绽放光彩，如同我们看到的每一座花园，各有不同，却又各自精彩。

Filoli Garden

爱的传承与延续

美国｜斐洛里庄园

我的妹妹定居在美国加州硅谷，距斐洛里庄园不过几十千米。这份地缘上的亲近，让我有幸在不同的季节和家人多次踏上这片梦幻之地，其中，有一位与我同行的“老花友”——我的父亲。

我对园艺的热爱，源于父辈的耳濡目染。小时候常见父亲在自家小院里忙碌，那些本地的杜鹃、百合、栀子花…… 都是我心中温暖的记忆。在斐洛里庄园漫步时，我和父亲不时说起自家院子里曾种过的花草品种，这份对草木的共同痴迷，是属于我们父女的独有默契。

斐洛里庄园是始建于 1917 年的百年庄园，第一代主人是金矿主威廉·伯恩二世（William Bowers Bourn）。伯恩二世去世后，房产由第二任主人罗斯（William P. Roth）夫妇购得。罗斯夫人精通园艺，在尊重原有设计的基础上，经年累月调整完善，将这里打造成 “北美十大绝美花园”之一。1975 年，罗斯夫妇将花园连同住宅捐赠给美国国家信托历史保护基金会，并设立专项捐款支持运营，如今由非营利组织 Filoli Center 管理。

踏入斐洛里庄园，茂林绿荫与梦幻花园相映，深处还有未开发的森林野地。占地 6.5 万平方米的花园以文艺复兴风格为主，包含水景园、围墙花园、林地花园、玫瑰园、香草园、蔬果园等各具特色的主题园区。对称设计的下沉花园是花园的“客厅”，一大一小两座池塘被鲜花环绕，随季节更替变换景致。记得春日来访时，池边放置着盆栽黄色洋水仙与粉色郁金香，与远处圣克鲁斯山及原始森林浑然一体，美不胜收。

这座花园以全年花开的景致闻名于世，每季都有独特的色彩与主题：春季是紫藤、洋水仙、郁金香、风信子的舞台，夏季则由百日草、玫瑰、鼠尾草领衔……园内培植着郁金香、茶花、樱花、月季、杜鹃、木兰、绣球等数百种花卉，尤其是上百种月季，令月季爱好者流连忘返。

除了赏花，别忘了抬头的风景。花园里不乏来自世界各地的珍稀树木：欧洲角树、爱尔兰红豆杉、新西兰黑榉、日本枫树、加州橡树，甚至连中国的古老树种水杉和银杏也漂洋过海移居在此扎根安家。我尤其喜爱那片橄榄树林，加州炙热的阳光穿过虬曲的枝丫，投下斑驳树影，漫步其间仿佛穿越时空。

庄园的园艺中心门口，一株巨大的紫藤已过花期。户外卖场的古朴小推车上摆满时令花草与园艺盆器，室内则售卖以植物为主题的园艺杂货、纺织品摆件与茶具，为我的园艺品牌 PLANTS DREAM 产品研发带来了不少灵感。我和父亲在此停留许久，他买了花园风铃，我则选了一个蜂鸟铁艺欢迎牌，如今它仍挂在我家花园墙上。

途经一大片蓝紫色绣球园时，我们同时驻足，父亲也爱绣球，我家花园里就种了一丛丛。我让父亲帮我在如脸一般大的绣球花旁拍照，他不懂摄影，但总笑盈盈地配合着，即便角度不对，也不厌其烦地帮我重拍再重拍。在父亲眼里，我无论多大都是女儿，这可能就是父爱的特质——用温和的笑容，为我提供着源源不断的情绪价值。

我们父女穿梭于花田、花园与林间，乐此不疲。这段和父亲彼此陪伴的花园之旅，于我是无比珍贵的回忆。写此文时，父亲刚去世一周，而花园带给我们的美好与温情，将在我生命中永远延续，为我带来无尽的力量。

Chelsea Flower Show

园艺人的终极梦想

英国｜切尔西花展

每个园艺人心中，或许都藏着一场英国切尔西花展的朝圣梦。这场由英国皇家园艺协会主办、拥有 160 余年历史的盛会，每年汇聚数百位顶尖园艺设计师同台竞技，吸引着全球数十万园艺爱好者慕名而来。无论是设计师精心打造的主题花园，还是琳琅满目的植物、杂货，都让无数人心驰神往。

2019 年 5 月，一次机缘巧合，让我踏上了这场期待已久的旅程。当时，我的园艺好友啊布在杭州花园节斩获银奖，却因事务缠身无法前往切尔西花展。作为替补，我有幸与海妈、军焰等获奖设计师一同随团赴展。更令人惊喜的是，在花展门口偶遇留英花园设计师余传文，这位“花园王子”为我全程提供专业讲解，让我收获颇丰。意犹未尽的我隔日再次去看展，花展带给我的感触，这些年总会时不时地浮现出来回味一番。

2019 年切尔西花展以“回归自然”为主题，众多作品中，金奖花园约克郡花园令人印象深刻。花园中心蜿蜒着一条小型河道，两侧矗立着旧运河闸门，浑浊的河水中睡莲、水菖蒲等水生植物蓬勃生长。河道旁的小屋与周边花园、菜地相映成趣，石砌的堤岸、灰蓝色的门窗，搭配窗下的飞燕草、羽扇豆、毛地黄等蓝紫色系花卉，完美展现出英国乡村的自然风貌。

漫步间，我们有幸邂逅日本著名花园设计师石原和幸先生。这位被英国女王誉为“绿色魔法师”的大师，20 年间在切尔西花展屡获金奖。他的作品“green swith”以日式园林为灵感，巧妙运用苔藓、枫树、松树等元素，营造出宁静治愈的空间氛围。两间透明的浴室和茶室打破传统，象征着开放与融合。因同行的花园设计师军焰是石原老师的学生，我们一行人被允许进入浴室参观体验。透过浴室的玻璃向外看去，院中树木层叠，岩石、池塘、小瀑布与水边的紫色鸢尾相映成趣，将自然与建筑完美融合，让人瞬间忘却尘世喧嚣，沉浸在身心放松的愉悦之中。

花展的室内品种展示区堪称植物的宝库，洋水仙、大花葱、灯笼花、羽扇豆等英式花境必备植物品种繁多，令人目不暇接。各品牌商更是各显神通，采用场景式销售吸引参观者。一家蔬菜种子公司打造的迷你菜园令人眼前一亮：萝卜、芹菜、西红柿错落有致，树枝搭建的藤架上攀爬着香豌豆，旧木头小屋与玫瑰、绣球点缀其间，完美诠释了“有花有菜有生活”的园艺理想。

除了植物，花园杂货区同样精彩纷呈，从园艺手套、印花桌布到跪垫、围裙，几乎涵盖所有园艺相关产品，让杂货爱好者仿佛置身天堂。

花展上，我遇见了英国点子画家 Susan。曾为知名品牌设计师的她，因童年的花园记忆重拾画笔，用数百万个手绘点创作出一幅幅充满自然之美的画作。其中，画作《大花葱》深深吸引了我，我当即付款预定。然而，2020 年画作寄达中国时，却因种种原因被退回。历经 5 年等待，2024 年，啊布和曾妈在切尔西花展上终于帮我将这幅作品带回。如今，它静静挂在我的办公室墙上，每当我疲惫时望向它，那份明亮和闪耀，治愈内心。

在切尔西花展，来自世界各地的园艺爱好者展现出同样的热情。展会结束后，大家纷纷开启“买买买”模式，肩扛手提，恨不得长出八只手。在这里，每个人都兴奋地谈论着花草，脸上洋溢着幸福与陶醉，那份对园艺的痴迷与热爱，跨越国界，将所有“花痴”的心紧紧相连。

人生在世，总有大大小小的梦想。而我始终相信，走出去，才能遇见不一样的风景、不一样的人。在探索与学习中，我们不仅能发现新的世界，更能实现自我成长，让梦想照进现实。

Liberty London

碎花面料的浪漫

英国 | 艺柏缇伦敦百货

切尔西花园之旅中，Liberty London 是另一个不得不提的追梦之地。这家位于伦敦西区著名商业街——摄政街的古董百货商店，从成立初期就因进口东方世界的纺织品、家具和饰品而闻名。自 1875 年开业至今，百余年的时光里，它始终以独特的视角审视世界，坚守着传承百年的高级品位。

回溯 Liberty London 的历史，1875 年，创始人 Arthur Lasenby Liberty 向岳父借款，创立了这个传奇品牌。1892 年，Liberty 成立了自己的印花品牌 ——Liberty Art Fabrics。该品牌专注细节，追求舒适体验，选用高纱支面料，搭配高超的印花技术，使得面料色泽鲜明、层次感丰富，一举成为风靡全球的 “印花之王”。众多国际大品牌与知名时尚设计师纷纷采用 Liberty 的碎花面料进行产品开发，其魅力可见一斑。值得一提的是，日本是目前唯一被授权生产 Liberty 印花的国家。PLANTS DREAM 合作的日本面料供应商，不仅擅长生产高纱支碎花面料，还代理 Liberty 面料，其碎花面料设计灵感也多源自 Liberty。每年春天，PLANTS DREAM 都会推出一系列碎花衣裙，让朋友们得以将“春天”穿在身上，尽情享受高品质棉质面料带来的舒适。

Liberty London 百货店的外观采用都铎式建筑风格，堪称哥特式建筑理念的复兴之作。深色木条在浅色墙体上勾勒出建筑立面，垂直线条果断、坚定。门口摆放的一桶桶鲜花更是芬芳四溢，让人恍惚间以为误入了一家精致的花店。

走进 Liberty London，更像是踏入了一个时空交错的奇妙世界。据说商场的地板全部取自两艘皇家舰船，内部带有斑驳划痕的木地板、古朴褪色的扶梯、精致雕花的回廊，以及大厅中央倾泻如注的水晶吊灯，每一处细节都散发着浓郁的历史气息，让人仿佛穿越回往昔岁月。然而，当目光触及琳琅满目的时尚商品时，又会猛然发现，自己正触摸着时尚的最前沿。无论是家居用品、印花面料，还是各楼层精心陈列的商品，无不诠释着色彩、艺术与时尚的完美融合。我不记得与同伴在店内流连了多久，只沉醉于这一场视觉与心灵的盛宴之中。

Liberty London 不仅是一座百货商店，更是一座承载着历史与时尚的殿堂，值得每一位追求品位与浪漫的旅人细细品味。

PART TWO

植梦·萌动

深度旅居日本，感受其独特的花园与生活美学，是我多年的梦想之一。在日本栖居的日子里，总愿静心倾听花园的心跳——无论是西芳寺中静谧流淌的禅意，英式花园里浪漫惬意的时光，还是那些嵌入记忆的园艺店、杂货店等生活美学空间，都记录了我近十年来旅居日本逛花园的所见所感。

山海间的空中花园

神户 | 布引香草花园

我在日本神户的家距离布引香草花园只有半小时的车程，这座与海相邻的花园，成为我漂泊异乡最温柔的慰藉。

布引的这处香草园汇聚了约200余种、75000株花卉香草，是日本最大的香草园，以英式浪漫勾勒出多重视觉盛宴。春天，搭乘缆车向山顶攀升的过程是一种享受，窗外的风景如诗卷般徐徐展开——樱花如云，山海在视野中交织成画，每一眼都是令人心醉的邂逅。

抵达山顶后，一座造型别致的休憩室映入眼帘。毗邻的香草博物馆中，80种天然精油释放着独特香气，让人不禁在香水瓶与提炼器具的展示间，寻觅专属的芬芳记忆。山顶的餐厅，香草入馔的美食别具风味；旅游商店的植物种子，则能将这份自然之美延续至自家窗台。站在观景台俯瞰神户，山海壮阔尽收眼底，心情也会豁然开朗。

山顶的玫瑰花园是我的挚爱之地。英式玫瑰肆意绽放，色彩斑斓的花朵与花园里的桌椅、雕塑相映成趣，将英伦风情演绎得淋漓尽致。后方的杂货花园以复古色调勾勒岁月质感，旧围墙、红木椅与蓝色小门，在春日银莲花、番红花、洋水仙等球根植物的簇拥下，诉说着生命的蓬勃与岁月的温柔。

每年春天，我都会与 PLANTS DREAM 团队的小伙伴们带着自然风印花面料制作的衣裙，在玫瑰园与杂货花园间定格时光，让服装与花草的浪漫在此共鸣。

下山途中，家庭菜园与香草花园散落路旁，香气裹挟着绿意扑面而来，唤醒五感的愉悦。四季花园更是园中珍宝：蒙大拿铁线莲攀附小屋，在春日绽放成绝美花瀑；斜坡上，球根与宿根植物如打翻的调色盘，渲染出浓烈的春天气息。夕阳下，白色藤本月季‘藤冰山’被镀上金边，那如月光倾泻的姿态，成了我心中永不褪色的画面，每当我想起香草花园，就会想起这株四季花园里的白色‘藤冰山’。而不同季节的花境搭配——月季与紫色荆芥、蕾丝花共舞，总让人沉醉其中。

温室玻璃房内种植了各种热带植物，四个玻璃圆顶建筑内，粉色三角梅攀至穹顶。透过玻璃远眺神户港，繁花与城市天际线交织成梦幻景致。逛累了，便在温室旁的咖啡店落座，点一杯咖啡，在香草足浴的氤氲热气中，看金合欢在春日盛放，任由花香包裹身心，这些都是我爱上这里的理由。

地址｜兵库县神户市中央区北野町1丁目4—3

网址｜kobeherb.com

一抹苍绿里的禅意时光
京都｜西芳寺

多年前，我在花友 Molly 分享的日本庭院视频里看到西芳寺那满目苍苔的绿意，那一刻，一颗向往的种子在心底萌发。回日本后上网一查才知道，这座寺庙竟十分难预约，每日严格限制参观人数，必须通过手写明信片预约。在通信如此便捷的当下，为何还要采用这种古老的方式？或许正是为了保留那份独有的传统仪式感吧！寄出明信片不到一个月，我就收到了来自西芳寺的明信片，满心期待终于有了着落。

进入寺庙后，还有一个充满仪式感的环节 —— 端坐在小木桌前，用毛笔抄经，完成这一步后方可入园。经文是工整的正楷字体，书写时，一笔一画都仿佛被无限拉长，时间也好像放慢了脚步，内心不由自主地沉静下来，专注于当下的一撇一捺，尘世的喧嚣也随之渐渐远去。

沿着蜿蜒的石板小路踏入西芳寺庭院的瞬间，外界的喧嚣仿佛被按下了暂停键。阳光透过树叶的缝隙洒落，在林间的苔藓上投下斑驳的光影。苔藓肆意生长，漫过岩石、覆盖树根、缠绕藤枝，密密麻麻，层层叠叠，整个世界仿佛都在此刻静止，只剩下眼前这一片绿意盎然的静谧天地。

西芳寺由上段的枯山水和下段的池泉回游式庭院两部分构成。相传，这座庭院是由梦窗国师亲自设计建造的。庭院里生长着 120 多种苔藓，有金发藓、大羽藓、白发藓等，它们相互交织，形成了层次丰富的地被景观。寺内还种植着枫树、松树、竹子、蕨类植物，以及山茶花、杜鹃花、石菖蒲等开花植物。四季更迭，不同的花草在园中轮番绽放，各自演绎着属于自己的风情。

我去的时候，大片枫叶尚未变红，只有零星的小树在转角处吸引着游人的目光。顺着蜿蜒小路而下，心形岛突然出现在眼前。正当我为眼前的美景惊叹，准备按下快门时，几条小鱼突然跃出水面，又迅速潜入水中，给这份静谧增添了一丝灵动。

整个西芳寺面积不大，却小而精致。在阳光的照射下，苔藓的颜色从墨绿渐渐变为青绿，明暗的变化让人惊喜不已。在西芳寺放空的两个小时里，鸟儿的鸣唱如空灵的背景音乐，始终萦绕在上空。远处，小船静静停靠在岸边，长满青苔的小桥，连接着岛中岛。从下层庭院拾级而上，看到僧人慢条斯理地清扫着苔藓上的落叶。我静静地站在一旁观望，正感叹着他的耐心与细致，却有人在旁边轻声提醒我，离寺的时间已经到了……

地址｜京都府京都市西京区松尾神谷町56

网址｜saihoji-kokedera.com

来自 28 座小花园的浪漫物语

爱知丰田 | 花游庭

在日本爱知县丰田市，有一处由日本花园设计师天野麻里绘主理的花园美术馆——花游庭。它由一家有 70 多年历史的园艺公司运营，30 年前便开始在这片土地上打造花园美术馆。这座花园美术馆占地 4000 多平方米，拥有 28 个风格各异的主题小花园，涵盖自然花园、日式花园和英式玫瑰园等多种风格，园区设有杂货店、茶室、礼堂等，深受园艺爱好者和设计师的喜爱。在缤纷的 5 月，我有幸踏入这片梦幻之境，真切领略它的魅力。

走进花游庭，一座英式乡村小花园瞬间吸引了我的眼球，恍惚中仿佛一脚踏进了英伦半岛的乡村花园。缓步穿过爬满粉嫩月季的铁艺拱门，沿着蜿蜒的碎石小径前行，两旁约一人高的飞燕草、毛地黄生机盎然，前方一座白色小屋静静伫立在花园中央。灰褐色的拱形窗户、三角形屋顶及做旧的木门，带着些许岁月痕迹。白色和粉色的月季攀缘至小屋的前缘，在微风中轻轻摇曳，铁线莲、大花飞燕草、大花葱、紫柳穿鱼、耧斗菜、毛地黄、距药草等宿根植物环绕四周，与屋前的欧式雕塑共同营造出英国乡村花园的风情。

在花园的角落，有一处别具一格的杂货花园。带着年代感的杂货与生机勃勃的花草相互依偎，带来浓厚的复古氛围。泛黄的浴缸、旧铁桶、铁艺门、木质推车、洒水壶等杂货搭配在一起，杂而不乱。木质推车上满满当当地摆放着各种绿植，翠绿的叶片与老旧的推车形成鲜明的色彩对比，旧物的沉稳与绿意的灵动相互碰撞。

而那面红砖墙，无疑是整个花园的点睛之笔。做旧的工艺赋予它岁月的痕迹，搭配着古典的拱门和散发着古朴气息的旧木门，瞬间将人带回旧时光。尤其是摆在门前的绣球‘落跑新娘’，粉色与蓝色交织的花瓣在微风中轻轻摇曳，如同新人甜蜜又梦幻的爱情。就是在这白色花园里，我爱上了‘落跑新娘’，回国后，从花友紫阳的绣球花园搬来几盆，点缀在我的树屋花园里，继续延续这份美好。无论是精心摆放的盆栽，还是自然舒展的花境，这里每一种植物的运用和颜色的搭配都是那么恰到好处。

穿过铁线莲花园，一座白色花园横空出世，这里主要作为婚礼会堂。六出花、‘藤冰山’、山桃草随风轻舞，欧洲木绣球圆润饱满，绣球‘落跑新娘’或呈粉色调，或现淡雅蓝，如梦如幻；还有白色的黑种草、耧斗菜、毛地黄，共同营造出这片丰富的花园景致。

步入花园深处，繁枝茂叶间，一座用树枝搭建的树屋若隐若现，宛如童话中的神秘小屋，这里就是树屋花园，让自家花园中也有树屋的我尤感亲切。沿着蜿蜒的木质阶梯拾级而上，只见树屋四周树枝错落围合，它们都保留着自然的形态，或弯曲或笔直，看似随意却又独具匠心。

28座小花园各美其美，每一处都精巧别致，其间更多的美好，仍需观者以细腻之心，缓缓探索，静静体会，方能洞悉每一处景致所蕴藏的独到之美。

地址｜爱知县丰田市大林町1-3-3

网址｜kayutei.co.jp

夏季的美好序曲

镰仓｜绣球花季

在日本，酷暑之前要迎来一段梅雨季，6月的镰仓，空气中弥漫着潮湿的气息。经过一番雨水润泽，绣球的季节来了！在众多的赏花景点中，明月院和长谷寺无疑是最具代表性的两处。

明月院是日本镰仓的一座禅寺，也被称为紫阳花寺，寺内 90% 的绣球是我们常说的品种‘无尽夏’。这种绣球刚开时呈淡蓝色，随着时间的推移颜色会渐渐变深。在镰仓，这种独特的色彩被称为“明月院蓝”。每到 6 月中旬至 7 月初的花开时节，这里便成了绣球的世界，参道两旁的绣球，更是形成了繁茂的花墙，仿佛进入蓝色的梦境中。要想拍到台阶处的空镜头，一定要赶早去抢机位。

长谷寺的绣球和明月院的大不相同。长谷寺依山而建，面朝大海，是镰仓最佳的观海点，这里的绣球多了一份山海的辽阔。绣球沿着山坡层层叠叠地盛开，颜色以粉紫为主。寺内蜿蜒的绣球小路，挤满了前来赏花的人们。人们亦步亦趋，在开满绣球的山坡上排出“之”字形的队伍。

我边赏着绣球，边在山坡驻足向海瞭望，不禁畅想着，家里的花园那个能望见海的斜坡上，是否也该栽满绣球？

明月院

地址｜神奈川县镰仓市山之内189

网址｜trip-kamakura.com

长谷寺

地址｜神奈川县镰仓市长谷 3-11-2

网址｜hasedera.jp

对话白砂伸夫的野性诗行

神户 | 六甲岛玫瑰园

在我生活的小岛中央，有一座 30 多年前由日本国宝级景观大师白砂伸夫先生设计的玫瑰园。这是一座沿河设计的狭长英式玫瑰园，最初来日时，因远离故土的树屋花园，我对花草的痴爱无以宣泄，只有在这处玫瑰园里，好像才能找到些许心灵的慰藉。

这座获奖无数的玫瑰园，是岛上居民们参与社区活动、体验园艺乐趣、举办花园节及音乐节的乐园。白砂伸夫先生曾说："花园是人与自然的对话，而非对自然的征服。"他摒弃了传统日式庭院的克制，以英式花境为蓝本，将藤本月季的浪漫、灌木月季的丰盈与宿根植物的野性融为一体。

蜿蜒的步道两侧，毛地黄、大滨菊与鼠尾草交织成流动的色带，藤本月季如瀑布般倾泻而下，形成一片“无序中的秩序”——这正是白砂伸夫先生追求的野性美学：让植物自由生长，却在色彩与层次中暗藏些许匠心。

盛花的 5 月，每当我看到拱门上的‘安吉拉’‘龙沙宝石’‘藤冰山’等藤本月季绽放，就会有淡淡乡愁涌上心头，因为在我的树屋花园里也种植了相同的品种。

玫瑰园也是无农药栽培的实验基地。春天，我曾在这里和志愿者们一起徒手捏过蜜虫，也用牙刷消灭过蚜虫。

每一年玫瑰节，来自四面八方的人们涌上小岛，玫瑰园成为人与人交流的载体。正如白砂伸夫先生所期许的那样：花园不是逃避现实的世外桃源，而是让人更勇敢回归现实的锚点。在神户小岛上的这座玫瑰园里，每一片凋落的花瓣都是未来的种子，是结束，也是开始。

地址｜兵库县神户市东滩区向洋町 2-22

与植物共舞的乐园

大阪 | the Farm 园艺中心

The Farm 是一家坐落在大阪茨木的园艺中心。我最早知道 the Farm 是多年前和啊布一起来日本参加杂货展，与花艺师芸芸在大阪偶遇，便相约一起去了 the Farm。记得那时正是花之森门口白色紫藤开得正盛的时节，我们仨像老鼠掉到米缸里，四处搜罗，寻找眼中的“猎物”。那一次，疯狂采买后在农场餐厅吃到的美味比萨和沙拉，给我留下了深刻印象。直到几年前移居到神户，不管任何季节，只要想买些花草，一踩油门，个把小时就来到这个给大家带来植物乐趣为主题的花园中心。我的 PLANTS DREAM 小花园里有不少植物都来自这里，比如门口的金合欢和油橄榄等。每到春天，家门口的金合欢就开始明亮起来，4 年前从 the Farm 买回的小指头粗的小苗，如今已长成街区宣告春天的使者。

The Farm 分世界植物园、观叶植物园、生活之森、花之森、庭院绿植、儿童乐园，以及花园设计中心和农场餐厅。无论你是拖家带口，还是朋友约会，只要走进这里，都能体会到植物给人带来的愉悦，这里也是为数不多可以带宠物来游玩的花园中心。

从醒目的黄色标志 the Farm 门头一进去就是室内世界植物园，各种超大型的绿植琳琅满目，穿行在榕树、龟背竹、凤尾竹等各种植物之中，有在热带雨林漫步之感。绿植中有几头猫头鹰站立其间，引来孩子们的好奇观察。室内世界植物园里还有不同的分区，如家庭盆栽区、鹿角蕨长廊、空气凤梨角等，一一呈现观叶植物的特有魅力。室外空间用大型油桶、流木、岩石、手绘黑板装饰而成，再搭上各种植物来搭建场景，让人在粗犷与柔美的碰撞中感受生活的温度。

这里专为孩子打造了趣味花园：树干搭成的小木屋、旧木制成的跷跷板，还有铺满松皮的游乐场和树屋供孩子们游玩、攀爬。我和儿子一起来过几次，每次我在周围看花草选植物时，他就在树屋上爬上爬下，母子俩各有各的乐趣。

生活之森和花之森是给予我更多生活和设计灵感的空间。每一次徜徉其中，从空间装饰到植物的搭配，都能有所收获。与生活息息相关的花瓶、盆器、干花、园艺用品、服饰等都能在生活之森里寻到。而花之森分室内和室外两部分，这里就是花草的天堂，不同的季节都有不同的时令花草粉墨登场。每一盆花都精神抖擞，一看就是得到了精心的养护。这家店里的园艺师和场景搭配师着实令人佩服，他们善于用旧木箱、老旧的自行车等旧杂货搭配各式植物，反衬出植物勃勃的生命力。

园艺中心里的农场餐厅非常值得去体验。餐厅的布置也是绿意盎然，不仅四周有各种热带植物，连天花板上也有绿植垂吊，在这里用餐，宛若坐在森林里。最值得一提的是用大木桶种植的葡萄，枝叶从餐厅门口蜿蜒到餐厅室外。每次去，我都会选择坐在室外的葡萄架下，点一份用农场里种植的有机蔬菜做的美味比萨、沙拉，搭配一杯农场咖啡，欣赏满目绿色。

越来越多的园艺中心希望打造一种植物与生活方式的结合体，the Farm 无疑是很好的借鉴模板。

地址｜大阪府茨木市佐保 193-2

网址｜the-farm.jp/osaka

杂货爱好者的天堂

名古屋 | Garage

去过 2018 年第 20 届东京玫瑰展的花友们，或许还记得那个充满创意的绿色空间——life style garden，由二村昌彦社长的 Garage 团队设计，用三种不同的创意风格分别打造出属于妈妈、爸爸、孩子的花园空间。妈妈的花园是用做旧的灰白木板打造出的一个自然生活空间，利用各种干花装饰屋顶和墙面，角落散布着一些旧杂货。庭前种着白色木绣球、蓝盆花等应季的植物。爸爸的花园位于侧院，有帐篷休闲区及户外花园作业的角落，灰砖铺就的花园小路上点缀着斑驳的青苔，和后院木屑铺面完美结合在一起。铁皮花盆、铁艺风车构成的工业风空间里，仙人掌、热带植物等绿植给空间带来了生机。后院则是孩子们探索游戏的空间，小小的花园木屋是孩子们捉迷藏的最佳地点。

二村昌彦先生因为喜爱园艺，曾留学荷兰，受欧洲文化的浸染，回到日本后，他创造出独具特色的设计风格，将工业风花园与植物完美结合，并融入日常生活中。

Garage 在日本有 4 处店铺，分别位于名古屋、丰桥、横滨和东京。每个 Garage 店铺的空间里，都用各类室内观叶绿植进行装饰。访客置身其中，宛若在花园的一隅，边走边逛，再慢慢选购自己需要的日常生活用品。

杂货和植物都是 Garage 值得关注的重点。这里的器物多为低饱和的颜色，以灰色为主色调，与各种物品搭配，呈现出一种低调的高级感。铁皮花盆、旧牛奶罐、破旧的木门、做旧的旧木箱以及干花、干树枝，甚至是一棵枯死的大树，都是用来装饰搭配植物及生活用品的器物，这也是Garage独有的工业风杂货风格。在植物的选择上，无论是当季草花、宿根植物还是一些室内绿植，颜色都不张扬，多以白色等淡雅颜色

为主，如白色木绣球、白色蓝盆花、风车茉莉等，各种尤加利、橄榄树、金合欢也因叶片的色彩符合店铺的整体调性，在不同空间里被充分利用。

我喜欢的日本画家河野 lulu 曾在这里的画廊里举办过个展，她的水彩画《彩虹》已经被我收入囊中，成为我家床头的一抹“彩虹”。

地址｜爱知县名古屋市中村区平池町 4 丁目 60-12 Global Gates 3F/4F

网址｜garage-garden.com

山谷里的英伦风情

京都 | 龟冈英国村

去过英国的朋友们，也许都会喜欢科茨沃尔德地区的乡村气息。在日本也有这样一处小村落，它虽然位于京都龟冈的山谷里，却充满浓郁的英伦风情，让人恍若身处英国……这就是京都府龟冈市的英国村（Dream.Ton）。

2018 年，在东京玫瑰展上，一个售卖英国古董杂货和服饰的展位引起了我的注意。和摊主玛丽交谈后得知，这些用碎花布做成的衣裙，和 PLANTS DREAM 使用的是同一家供应商的面料。玛丽也是英国村的主理人，真名叫春山真由美，出生在以织物闻名的京都西阵，她的父亲是一名匠人，她从小听着织布机的声音长大，儿时家中的旧物相伴给了她美好的童年记忆。“如何体现旧物在文化中的价值”是她一直在探索的命题。

玛丽之所以选择京都府龟冈市建英国村也是出于偶然。某日，玛丽开车沿山路行驶，看到这处云雾缭绕的小山村很有英国乡村的感觉，她便决定在这里开启打造英国村，这里也是她梦开始的地方。

位于龟冈深山里的英国村，集民宿、咖啡店、餐厅、婚礼派对场所于一体，完整复刻了英国田园风光。花园、杂货屋、古董屋错落分布，人字坡屋顶、石砌屋墙搭配黑铁路灯，每一处都透着地道的英伦韵味。每一栋建筑周围都被各种高大的油橄榄、金合欢绿植包围着，从咖啡店的窗户向外望去，远处的栅栏下牛羊正在吃草，近处白色的蕾丝花静静绽放，悠然美好。

我很喜欢村里面各种造型的小房子，每一栋都值得驻足欣赏，按下无数次快门。逛累了，寻一处角落坐下，抬眼满目苍绿，内心充盈而宁静。

地址｜京都府亀冈市西别院町柚原水汲12
网址｜dreamton.co.jp

藏在山中的乌托邦

淡路岛 | Kozorasou

从神户出发，穿过据说是亚洲最长的明石跨海大桥，便可来到淡路岛。前往 Kozorasou 的路本身就是一场逃离都市的仪式，穿过蜿蜒的山路，城市的喧嚣渐渐被抛在身后，取而代之的是新鲜的空气和满眼的绿意。当车停靠在 Kozorasou 的门前，一下车，那个给无数人带来遐想的白色山中小屋就映入眼帘，美得有些不真实。

这是一家与自然共生，由三个不同性质的店铺组成的复合门店。一进门右边是小小的“点心屋”，左边是“山上的杂货店”，再往里走就是每天只能接待三组客人的“森林之宿”。简约的设计，将衣住食融为一体。

这座简约的白色小屋日常主要用来与日本各地人气手工匠人联手做展览活动。我去时，正好是淡路岛上做手工皮鞋的匠人在做展览。主理人以前在大城市的大企业工作，因为孩子需要照顾，他便回到了淡路岛海边的老家，开了家手工作坊，主要产品是手工鞋、饰品、钱包等日常物品。白色小屋外面摆放了几把椅子，以便给来到这里放空的人拍照留念。许多游客来这儿都喜欢坐下拍一张照片，分享到社交媒体上。

我到访时正值冬日，山上的风大，有点干冷，推开木质门的那一瞬间，咖啡的香气与点心香甜的味道融合在一起扑面而来，身心一下子得到了抚慰。店内的古董照明灯与硅藻土墙面带来复古感，桌子、椅子、柜子等旧家具和干花、干树枝搭配得恰到好处。身着白色麻布衣裙的年轻姑娘，正忙前忙后给客人准备咖啡和点心。值得一提的是，这里的点心都是用淡路岛的食材做的，大多是无糖的，种类不多但很受欢迎，每天做出来的点心，都会早早销售一空。

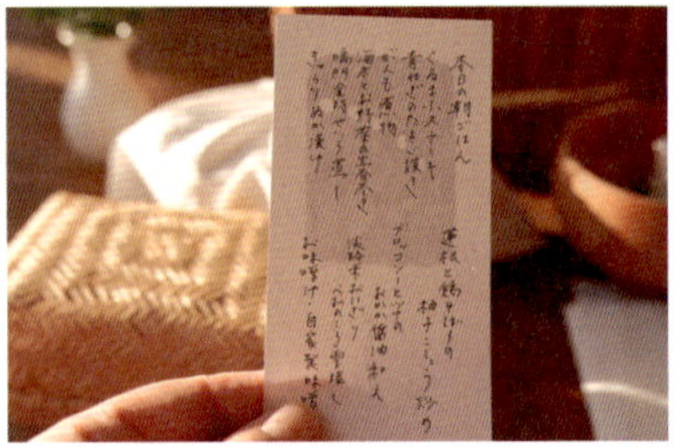

森林之宿只有三个房间，分别是风之屋、月之屋和木漏日，每天只能接待三组客人。我想，这么幽静的住所，一定是为想要短暂逃离城市喧嚣的人准备的吧！我住的是风之屋，房间四周被植被环绕。室内放置了各式古董家具，古董灯具、墙上倒挂的一把干花、棉感十足的床品和睡衣、麻布窗帘，所有物品颜色的搭配运用都非常自然，让人在不知不觉中放松下来。

透过小小的窗户望出去是绿色的山谷。被山谷包围的房间特别寂静，我把房间的音乐关了，听风的声音，偶尔夹杂着几声清脆的鸟鸣。夜晚来到露台，仰望满天繁星和弯弯的月亮，一切仿佛都沉寂了下来。

清晨，店员将早餐装到手编竹篮里放在门口的古董椅上。取回屋内坐下来，打开一个个包装好的、用当地特产食材制作的餐点，喝着手磨咖啡，暖阳照在身上，治愈而美好。

淡路岛上的这间美好店铺，是我心中的乌托邦，小而美，静静地向访客传达日常生活之美。短暂的体验，却一直驻留在我的心里。

地址｜兵库县淡路市里 601-170

网址｜kozorasou.com

PART THREE

植梦·新绿

在异国街巷推开缀着“Open Garden”木牌的院门，便撞进了一场场鲜活的“植梦现场”。这里没有国界和身份的界限，只有对花草同样炽热的爱，也让我懂得，园艺从来不是孤芳自赏的艺术，而需要人与人之间最真实的沟通与互动。

如果说 Open Garden 推开的是花园的门，那么“植梦”便是打开我心中的那扇门。从打造 PLANTS DREAM 神户小花园，到举办花草主题摄影展；从把梦想酿成街角的园艺小店，到东京玫瑰展上出展，每一步都在努力实现心中的那些美好梦想。

JAPAN OPEN GARDEN

达家女士 自然风杂货花园

这几年的春天，我都会去拜访达家女士的花园，她是三田 GREEN NET 公益 Open Garden 活动的发起人，这一活动自 2000 年 11 月举办至今，已走过 25 个年头。开放的花园数量从最初的 4 个增加至如今的 80 个。

又一年春天，我再次前去拜访，门口绿米相间的 Open Garden 旗帜与标识静静迎候着访客。花园入口处摆放着关于三田 Open Garden 的图书 *Garden story*、植物种子、幼苗，以及手工制作的风铃、花盆、杂货等，供前来参观的花友选购，收入全部用于社区绿化项目。花园慈善活动，始终是 Open Garden 不可或缺的组成部分。我购买了 100 个花园风铃，送给威海 Open Garden 的园主与花友们。在入口处与 Garden Story 品牌的芦生社长和设计师不期而遇。这些年，PLANTS DREAM 也在进口各种与花园生活有关的产品分享给国内的花友们。

推开达家女士花园的木质园门，一棵数十年树龄的尤加利枝繁叶茂，成为花园中最抢眼的骨架树。转角入园，迎面的藤本月季‘等待的情人’与铁线莲正开得热烈，瞬间抓住视线，花下悬挂着园主手工制作的蓝色玻璃小风铃，随风叮当作响，为静谧的花园增添了几分灵动。

达家女士的花园结构不同于普通日式一户建的狭窄局促，大致分为前庭的廊下区、杂货区、休闲区与观赏区。园中藤架与拱门皆无张扬色彩，植物品种虽繁多却不显杂乱，整体透着日式的素雅。

拜访那天恰逢细雨，访客不多，我得以静心欣赏园主精心设计的每一处花境与杂货空间。坐在侧院廊下的休闲椅上环顾四周，头顶的白色月季‘藤冰山’开得正盛，眼前花叶羊角芹绽放着白色的可人小花，这场景让我不禁想起自己的树屋花园——每当细雨绵绵，我总爱在廊下驻足看花，饮一杯香醇咖啡，静享慢时光。

花园无国界，无论身处何方，每一位热爱花草的花友都怀揣着一颗乐于分享的心。25 年来，三田 GREEN NET 和这些热爱家庭园艺的人们始终致力于打造绿意盎然的花园空间，以微薄之力回馈社会。举办 Open Garden，既是为了增进人与人的交流，也是为了更好地发展家庭园艺，这与威海 Open Garden 的初衷不谋而合。

JAPAN
OPEN
GARDEN

石山夫妇 英式DIY小花园

旅居神户的几年里，我隔三岔五就会到园艺中心转转，买点心仪的花草。某日在宝塚阳春园的货架上突然发现神户的 Open Garden 参观手册，等我匆忙按图索骥驱车赶到石山夫妇的花园时已是傍晚，距离活动结束仅剩 1 小时左右，但好在赶上参观，并由此结识了石山夫妇。

攀爬在花园大门口的粉色藤本月季开得正盛，而迎面的拱门上则爬满蓝紫色的铁线莲，绚烂夺目。石山夫人亲手制作的组合盆栽也在门口摇曳身姿，仿佛在迎接客人的到来。

车库入口的左侧是杂货区，展示了石山夫人从各地收集来的和自己 DIY 的花园杂货。各式各样的小水壶、花园标牌、烛台等，都是杂货爱好者的心头之好，集中摆放在木质陈列台上，杂而不乱。石山夫人还巧妙地将一棵花叶爬墙虎牵引到杂货台上，给小小的杂货台增添了绿意和灵动感。

石山夫妇二人参加 Open Garden 活动已有 20 年之久。每年花园开放期间，50 平方米的空间里每天都会有来自日本各地的 200 多人来到花园参观学习。我问他们，每天要接待这么多人，不辛苦吗？他俩笑呵呵地回答我：“虽然累，但很享受和大家交流园艺的过程。”

最初开始造园，缘于夫妻二人在一次海外旅途中偶然遇见一处向往的花园，深受触动，回家后，便下定决心打造一处属于自己的花园。夫妇俩先对房子进行了改造：巧妙利用一些做旧的红砖，结合房屋本身的建筑特点，改造成英式建筑外观。花园的改造也由两人分工合作而成：先生负责花园骨架的搭建，六处月季拱门、杂货台、花园小屋等都由他 DIY 而成，而夫人则负责植物的种植和空间搭配。

顺着红砖小路向前，一棵高大的黑色蕾丝接骨木赫然耸立在蜿蜒的园路边，古铜色的叶片中间开满了一朵朵细碎的小粉花，这是花园里为数不多的观赏树木。花境里植物生机勃勃，各种萱草、毛地黄、蓝盆花、耐阴蕨类、绣球、龙舌兰、蕾丝花等，相继映入眼帘。一回首，灰蓝色座椅后方的窗户上竟然爬满了盛开的铁线莲‘幻紫’，给人带来强烈的视觉冲击感。

由于花园中的采光不是特别充足，石山夫妇在花园里设计了几处高高的造型拱门，让月季可以自由地攀爬生长，随着岁月的积淀，这些景致已经成为花园不可或缺的部分。每到花期，月季花开，那芬芳的香气给花园增添了浪漫的氛围。石山夫妇花园里植物、杂货、色彩的搭配应用，堪称小花园的经典之作，这些巧思也让这处小花园获得了许多殊荣。

我一边参观花园，一边向石山夫人介绍我在威海举办 Open Garden 的情况。对园艺同样的热爱，让我们有聊不完的话题。从那以后，我们成了园艺上的忘年交。

世界是一座无边的花园，无论在哪里，园艺总能让我们心意相通。

JAPAN
OPEN
GARDEN

片山女士 爱丽丝花园

第一次翻开神户 Open Garden 参观手册时，50余处花园信息中，片山女士的法式玫瑰花园一下子就吸引了我。待到开放日，我迫不及待驱车前往，才发现这座花园不过 50 平方米——入户门前、车库与后院延展的方寸之间，藏着片山女士亲手编织的罗曼蒂克。

从入户门起，片山女士以网格、铁艺、栅栏为骨架，种下十几株色系相近的藤本月季。门廊处的‘泡芙美人’最是迷人，浅黄到杏黄的花瓣层叠渐变，甜香随微风飘散到路边，常引得行人驻足。面向街道的木栅栏上，‘蓝色阴雨’的蓝紫色花瀑与‘洛可可’‘龙沙宝石’如梦如幻；栅栏下的盆器里，手作的花园小椅子上爬满迷你月季‘姬乙女’，粉嫩碎花像一把星星，瞬间点亮了景致。

停车场角落的法式乡村小屋藏着惊喜：藤筐里摆着旧货，晾衣绳上晾着孩子的衣裙，半开的窗后，小桌椅与烛台烛光相映成画。右手边的法式洗手台更是点睛之笔，从杂货摆放到色彩搭配全由片山女士亲自设计完成。

后院是室内窗景的延伸，几株月季在窗棂上自由攀爬，白色蕾丝花等宿根植物在栅栏下摇曳生姿。开放期间，花 500 日元（约人民币 25 元）就能坐在屋内喝杯红茶，看窗外的月季在风里舞动，静享这浪漫美景。

我好奇地询问片山女士是否学过设计，这位学音乐出身的园主笑着摇头，告诉我，是母亲带她入的门，而后的十余年她靠着阅读各类书籍不断提升自己。她说，希望通过 Open Garden 让更多人听见花草的声音。

195

JAPAN
GARDEN
LIFE

神户PLANTS DREAM花园

让梦想次第花开

那些年我在威海树屋花园疯狂地莳花弄草，每逢出差，最惦记的就是亲手种下的“孩子们”，常常梦里都是它们的影子。彼时上小学的儿子也看透我的心思，经常在我出差返家一进门的时候就故意逗我：“妈妈，你的植物都‘挂’啦！”其实，我知道家人们也在帮我尽心呵护着这些花草。但只要我一回家，就会径直走到花园视察一番，有时快半夜到家也是打着手电筒把想看的逐一确认，方才罢休进屋。

几年前我移居日本神户的小岛上。每年春暖花开时节，作为种了十几年花的老园丁，我总会闻到泥土的芬芳，于是，找一个小院子种花的愿望开始蠢蠢欲动。机缘巧合之下，就遇见现在这个带 40 平方米小院的一户建，我给花园取名——PLANTS DREAM 花园。

和威海树屋花园一样，这个神户的小花园也是我自己打造的。花园呈“L”形，除了保留原来的女贞、橡树、茶梅、松树，利用这些树形成天然的栅栏，其他植物都是根据自己的喜好选购种植的。花园地面和供藤本植物攀爬的拱门等都是先生 DIY 的。他还利用我在海边捡来的漂流木做了花园椅子和菜地隔断等。小小的花园里种了许多藤本月季，有‘新雪’‘芭蕾舞女’‘藤冰山’‘花女孩’，这些月季的周围分别种了铁线莲‘新幻紫’和‘铃铛铁’等。有一年，我在‘藤冰山’旁种了一棵蒙大拿铁线莲，春天开出粉粉嫩嫩的花朵，像极了少女羞红的小脸。每天早晨我都要围着它转上半天，从不同角度拍摄花朵绽放的模样。遗憾的是，它竟然没有熬过夏天的酷暑。种花的这些年难免“辣手摧花”，这些经历让我能够坦然面对失去，也能接受改变不了的事实。

百合依旧是我喜欢种的花。因为父亲喜欢种百合，无论走到哪里，我都会在窗前种上一丛白色的百合，在 PLANTS DREAM 小花园中也不例外。看到花园的百合，总让我不禁想起童年那个小院子。

花园的尽头是一棵有 30 年以上树龄的大茶梅，不需要过多的养护，每年 12 月下旬至翌年 3 月初，总是能绽放出一树精彩来。不过，要说花园里最耀眼的存在，一定是那棵 4 年前种下的金合欢。喜欢上金合欢是在大阪一家咖啡店门口，那一抹耀眼的黄，深深留在记忆深处。但因为金合欢不耐寒，不能在威海种植，于是，我便在神户的花园里种了一棵。没承想牙签苗下地疯长成 3 米多高的大树，每年春天都成了街区亮眼的“黄手帕”，引来过往邻居们驻足观看。它也成为我做鲜切花的“礼物之树”，随手剪几支，用麻绳和草纸一包，就成为春天迎来送往各路亲朋好友的绝佳礼物。金合欢的花语是稍纵即逝的快乐。确实，人生稍纵即逝，要及时享受生活带来的每一份美好，这也是我一期一会心态的最好诠释！

花园虽小，却结构分明，既有享受组盆乐趣的桌面和壁面小空间，也有种菜区、球根及宿根植物区，还有摆放了花园桌椅的休闲区。这个小小的花园，让我在异国他乡也能享受有植物相伴的花园生活。每年春暖花开时节，我都会呼朋唤友举办小型的 Open Garden 活动，客人有邻居老爷爷夫妇，有我在岛上遇见的种花老师岛田雪子先生，当然也少不了这几年参加日本 Open Garden 活动认识的花园主……大家在花园里拍照、喝茶、赏花、聊天，为我旅居异国他乡的生活增添了些许美好。

花之力量

神户花主题摄影展

神户六甲岛，是一座被绿树、大海环绕着的美丽小岛，我总觉得它和家乡威海在某些地方非常相似。很奇妙的是，在那段特殊时期里，因与摄影结缘，让我有机会在岛上的神户时尚美术馆举办了两次摄影展，主题都和花有关。一次是和儿子 Aden Si 一起举办的“六甲岛的花”主题摄影展，另一次是和朋友 Chang 一起举办的“一期一会”摄影展。两次展览的策划和筹备都得到了柏原夫妇的热心帮助，身处异国他乡更能感受这份弥足珍贵的情意。

每一个园丁或许都有一个摄影梦——想用镜头记录下花草最美的状态。学会摄影也是我多年的梦想之一。那段特殊的日子，虽然束缚了向外奔跑的脚步，却也让我有机会静下心来，跟随着泓默老师“光的研习”课程开始追逐自己的摄影梦想。我把镜头对准了岛上和 PLANTS DREAM 花园里亲手栽种的花花草草，捕捉着每一棵植物从萌芽、生长、开花再到凋零的过程。

为了记录，也为了纪念，我从几万张照片中挑选了一些代表心境的花草，举办了人生首次摄影展，那一天，就像是一个小小的里程碑，既有圆梦的喜悦，也有分享美好的乐趣。我将那次展览期间的摄影作品和 PLANTS DREAM 花系列产品的售卖所得全部捐赠给了岛上的郁金香花园，用于购买球根和维护花园。借以表达这份特殊时期花草给予的温暖和恩惠。

我和朋友 Chang 是在六甲岛相识的，兴趣相投让我们成了无话不谈的朋友。初到异国他乡时的种种彷徨与窘迫不安，都多亏了有Chang 的陪伴才顺利化解。后来，她也成了 PLANTS DREAM 在日本的平面模特，我们相伴去了很多地方，我给她拍摄了数不清的照片，每一帧都是闪着光的回忆。

Chang也很喜欢摄影，我们把共同举办的摄影展取名为“一期一会”，寓意是珍惜当下的遇见。Chang采用黑白色调表现花草的力量，我则一如既往用缤纷的色彩表达我眼中的世界。我们各自用不同的方式记录着生命的纯粹和本真，讲述花草的故事，但有着相同的心愿：通过摄影展，将眼中的美好传递给更多热爱生活的人们，让更多的朋友一起感知植物蓬勃的生命力，珍惜当下。

JAPAN
GARDEN
LIFE

播种爱与希望

六甲岛郁金香花园

3 月的风还略带着些许的寒意，郁金香园里含苞待放的花朵就跃跃欲试，宣示着花期又要如期而至。每年的 12 月下旬，六甲岛上的志愿者们一起募捐善款，用于购买郁金香种球，种在岛上的公益花园中，如同埋下一整个冬天的期待，而后静静等待每一年的盛况。

初到六甲岛时，我总怀念故乡树屋花园里的泥土气息。每当春日临近，总按捺不住想种花的心，想用双手去触摸泥土。那段特殊日子里，总能看见几位老人在花园里忙碌——他们是六甲岛美街会的会员。记得第一次遇见美街会负责人米原先生，这位 80 多岁的帕金森症患者正缓慢挪动着步子，调试着浇水车的开关。那一刻，我忽然明白为何总被这片花园吸引，于是带着 12 岁的儿子 Aden 加入了义工队伍。

看着那些亲手种下的球根，从播种到萌芽、展叶直至含苞待放，在那些焦灼的日子里让我的内心得到了抚慰。用相机去捕捉阳光洒落的瞬间，看着植物不畏风寒努力生长的样子，就像在给我加油打气。

在做义工的日子里，我也渐渐和其他志愿者相熟起来。其中，90 多岁的中西奶奶最令我动容。每到义工日，她总是第一个到花园忙碌，拔草、浇水，常常忙得满头大汗。闲谈中了解到，30 多年前她和丈夫搬到六甲岛来，还把老家院子的许多植物移栽到美街会管辖的不同花坛里。她经常带着我去“探望”这些亲手种下的宝贝，就像在呵护自己的孩子。奶奶总笑着打趣：“我这把年龄，今天睡下不知明天是否能起来，但只要明天还能睁开眼睛，就第一时间来看看这些植物。”

3 月下旬，郁金香节开始了。花园里的郁金香竞相开放，五彩斑斓的花瓣如同打翻的调色盘般在微风中舒展，晕染成一幅明艳的春日画卷。前来参观的人络绎不绝，有成群结队的学生，这里有他们亲手埋下的郁金香种球；有带着孩子的夫妇，还有相互搀扶的老夫妻，大家徜徉在郁金香花海中纷纷拍照留念。

对于志愿者来说，游客脸上的笑容就是对辛勤劳动最好的慰藉。六甲岛上的志愿者们有公司职员、家庭主妇、退休老人、大学生等，大多不张扬，只是默默地做着自己认为该做的事，各行各业的人，因为一个朴素的愿望聚集在这里——定期定时做一些力所能及的事情，让街区变得更美。我想义工文化的真谛不在于你付出了多少时间，而在于你种下的希望和传递的这份美好。

一期一会
PLANTS DREAM日本开店小记

一朵花的一生，从种子破土发芽、长出花苞，尔后绽放、枯萎到化作春泥，恰似人生的写照。我始终相信人生是用来体验的！特殊的三年里，我和我的女朋友们在我所居住的神户小岛上开了PLANTS DREAM（以下简称“PD”）日本店，虽时间不长，却成为我们人生旅程中共同的难忘回忆。

这更像是一家我和女朋友们的店，所有故事都是围绕它展开，从购买第一件PD的衣服而结识至今，她们家里都有一个“PD专属衣橱”，里面挂满了各种衣服、裙子、裤子、帽子还有包包……

开业仪式是我和 Chang 一起策划的，虽然没有什么盛大排场，但是每一个小细节我俩都一起反复琢磨。为了准备开业，Chang 熨烫了数不清衣服，她笑称：“我这辈子都没熨过这么多衣服！”她带着在北京报社做美编的美学功底，对穿搭配色有着天生的敏锐，把样衣陈列得像画一样。

开业那天，被我称作是“点心大师”的英格，亲自布置了甜品台。奶油泡芙、蛋糕等都是她的用心之作。用益子烧陶皿来装盘，更增加些许自然生活气息。我从 PD 花园里剪来蕾丝花、三色堇等植材装饰现场。在大家的齐心努力下，小店正式开业了。后来，我们在这里迎来送往了很多朋友，围绕这家店的故事也就此展开。

岛上那条“夏威夷大道”是我们的绝佳取景地，椰子树下留下我们无数次拍照的身影。疫情缓和时，我们会组织下午茶和野餐活动，结伴穿着喜欢的 PD 衣服来拍照，累了，就坐在草地上聊天嬉闹。

一件衣服的温度，一定和穿着它的人有关。小岛上居民不多，但是放眼望去，却会意外发现，不管是路上还是超市，经常会偶遇 PD 风格的朋友们，那是朋友间不用言说的默契。她们生活在各自不同的地方，经历也不相同，但有一点却是相同的：保持对生活的热爱，用温柔的力量勇敢前行。看着 PD 的衣服在女朋友们的身上如此鲜活，像舒卷的云，像温暖的风，于我而言是一种幸福。

JAPAN
GARDEN
LIFE

日本东京玫瑰展

携热爱去奔赴

th
ル ローズ パーク
ral Rose Park

如果你是一位园艺爱好者，也许会知道日本的东京玫瑰展。这个日本的专业园艺展会，有着“日本的切尔西花展”之称，这里不仅仅有各路园艺大神聚会“论道”，现场打造的各种花园更是每一年园艺爱好者的朝圣之地。遗憾的是这个亚洲最有价值的园艺盛会，竟然在几年前黯然退场。现在再回首，只为纪念那份对园艺执念和热爱，以及彼时遇见的那些有趣的人与事。

第一次参观东京玫瑰展是参加“绿手指”组织的日本园艺研修之旅。因为那一次旅行，我和啊布相遇，从此开启园艺道路上的相伴相随。

首次参展的我们痴迷于学习各个花园框架、植物搭配以及杂货的运用，和花友交流玫瑰品种，开启疯狂买买买的模式。那次迷上的夏蜡梅，在威海燕子姐的玫瑰花园里长势喜人，每次去我都要夸它几句。

正是因为有了那一次的参观，才有后来 PLANTS DREAM 作为参展商亮相东京玫瑰展的机会。我们精心做足了准备，好友二木和啊布也前来助阵，一起去园艺中心购置布展植物，探讨布展方案。开展后，摊位上迎来了应接不暇的园艺爱好者和花园设计师，大家体验产品，交流经验，气氛热烈而美好。

那些在展会上偶遇的美好，一直珍藏在我的心中。例如，出展期间遇上了几年前在礼品展上结识的 Honda 绿房子的设计师伊势女士，再见面时，我们有说不完的园艺话题，收摊时，她打包带走了我们的围裙产品。那一届玫瑰展金奖的获得者田锁礼子还买走了我们参展当天的最后一条亚麻围裙。当然，我们中国的花友也不例外，药草老师、侯爷和飞猫等一众花友都纷纷来打卡相助。

必须要提的是在展会遇见的日本水彩画家河野lulu——那届玫瑰展开幕、闭幕的舞台布景画作者。第一次见到她的画作，那些层层叠叠的明亮色彩，尽情绽放的花朵，就令我一见倾心。后来我才知道，她于2015年前后“穷游”墨西哥，当时身无分文的她靠给旅馆老板画壁画的方式赚取旅途费用，她就这样边走边画，去过很多国家，用纯真的色彩，描绘出心中对这个世界的美好愿望。她希望通过这些明亮生动的色彩，照亮残疾儿童的世界，这也赋予了她的画作更多的意义。后来我定居日本，和河野lulu也经常见面，这份来自东京玫瑰展的缘分，一直在持续着……

PART FOUR

植梦·共生

有趣的灵魂终会相逢，因世界花园之旅结缘的园艺同好们，恰如花园里摇曳生姿的繁花。这些花友们无论身处何处，彼此的心意都如花香般自在流淌，在相互映照中见证彼此的成长。每朵花自有独特的芬芳，当走进天南海北中国花友的梦想花园，都能听见她们心底绽放的声响——用各自的方式，让热爱在泥土里生根。

DREAM
GARDEN

园艺杂货的理想国

徐州 | 啊布的花园农场

我和啊布几次一起参加日本花园之旅后，啊布告诉我，她要做“中国的黑田”，我开心地对她说：“你完全可以做到！”

黑田在日本园艺界非常有名，其位于日本东京园艺设计及杂货中心，是很多国内园艺爱好者去东京必打卡之处。黑田的店不大，但是一家人，一辈子，就认真经营好这一家店，这是一份难能的坚守和执着。啊布曾三次造访黑田的园艺店，其中有一次是由我陪同并担任翻译，那一次我们和黑田畅聊了他的创业历程，也让啊布更加坚定了要做“中国的黑田”的决心。

时隔不久，啊布正式宣告投身农场事业。彼时国内几座知名的花园都面临着拆迁的危机。我心情忐忑地向她问道：“真的要做吗？”并和她深入探讨了利弊得失。但她坚定地说：“决定了，必须做！”我知道不必再劝说，让这“熊孩子”天马行空比什么都好。她内心一直想要一个可以实现心中梦想的花园，不仅是园艺、杂货、生活美学空间，也是牛羊鸡鸭鹅成群的农场！

对于农场的未来，她有短期规划和长期规划。短期规划是让农场成为自己的生产基地，用于种植植物并满足网店的销售需求，而长期规划就是和有相同爱好的朋友们在农场里撒欢儿到老。

三年特殊时期，我被隔离在异国他乡，归心似箭，焦虑不安。而啊布在这几年里迅速崛起，不仅是花园设计师、摄影师，更成为园艺杂货领域带货的第一人。待我终于可以回国的时候，便迫不及待去徐州亲眼看看她的“理想国”，并在她的农场住了两晚。

啊布的农场分为几个大的空间：样板杂货小花园、集装箱改造的杂货度假屋、露营广场、蔬菜园……每个空间都能找到符合啊布气质的花园杂货、植物。

住在农场的那两天实在是一段美好的回忆。清晨，被一声声鸡鸣声唤醒，推开门在檐下小坐，抬眼是被霜打过的白茫茫的草坪，雾状的粉黛草、星星点点的白色山桃草、复古色的松果菊，搭配高低起伏的茅草，在晨风中轻轻摇曳着，不远处的喷泉边坐着一个小小铸铁美人鱼，安静而美好。

清晨的阳光温柔地洒向花园，环顾四周，花园里的每一处都美得让人心醉。我不禁起身走进花园中，露珠打湿我的衣裙，而我却毫不在意，在花园里慢慢欣赏啊布的每一处精心设计。那些高大的北美山楂树、海棠、乌桕、染井吉野樱，无论是树形还是栽种位置，都是啊布设计用意的完美呈现。

啊布与 PLANTS DREAM 的情缘颇深，她见证了品牌的创建、成长，她的花园杂货和 PLANTS DREAM 的园艺产品一起在国内外的展会上“合体”参展无数次，获得了许多好评。她曾多次来威海参加 Open Garden 聚会、市集及各类分享活动，威海的花友们对她都很熟悉。每次前来，她总会提前将许多杂货邮寄到现场，亲自搭建布置，只为完美呈现心中构想的场景。

更让人称叹的是啊布的充沛精力，即便工作到深夜，次日她依旧能早早起身逛早市，大家笑称她是“钢铁侠”，而在我看来，正是对园艺那份纯粹的热爱，才让她始终保持着这样的精气神，在热爱的领域里步履不停。

DREAM
GARDEN

摇落一身的薄雾，开出明艳的花

北京｜睫毛的花园

睫毛，花一般的女子，她活出了无数文艺女青年梦想的模样。有人称她为互联网上拥有最治愈笑容的女孩。大学毕业做国际青年旅舍的她，用才情和努力，编织出属于自己的绿野仙踪般的梦幻世界。从北平小院、北平咖啡到顺义的米其林餐厅，每家店无论大小，她都亲力亲为，用她的双手，去打造带有“睫毛”特色的花艺设计和空间陈列。可以说，她的每家店都是一家小小的花园。

睫毛说话轻柔，我从未听过她大声说话，她的声音就像她的家乡青海草原上徐徐的微风，掠过繁花，带来阵阵清香。我一直觉得她就是一朵花的化身，无论站在哪里，都明艳动人，散发出温柔而坚定的力量。她喜欢分享，总是在微博上慷慨地分享她自己设计的衣裙、打造的花园和店铺。无论是穿着色彩缤纷的花裙子，还是素净的纯色衣裙，扎着麻花辫站在花丛中，笑靥如花的她，都有一股打动人心的明媚。她的森系穿衣风格及搭配，也影响了一众爱花爱生活的“花女孩”们。

我和睫毛因一同参加世界花园之旅而结识，那些年一起去过比利时、荷兰、英国、墨尔本看花园。记得第一次在比利时看花园，我远远看着她，带着粉丝的仰望和忐忑，没想到她却主动过来拉着我的手过马路，那个瞬间我一直记得，每每回想起来，内心总是涌起暖意。旅行中，我和花友曾妈去逛店买面料，睫毛帮我照看儿子，带他逛花园，我们就这样慢慢熟悉起来。旅行结束后，她开始喊我“彩虹婆婆”。

这些年只要威海有活动，无论多忙，睫毛都会第一时间奔赴而来，我们也因园艺开始了满世界的各种“约会”。最近一次来威海时，在 PLANTS DREAM 植梦工作室，她以“摇落薄雾中的繁花”为主题进行了分享。其间，她坦诚讲述了过去几年间经历的店铺迁离、郊区花园拆除等往事。

疫情期间，睫毛的七家店运营受阻，花园又突然收到拆迁通知，1000 多平方米的花园、3 只狗、10 只鸡、2 只猫，还有茂密如林的植物要在短时间内运走、安置，都让她无所适从。那段时间，她白天忙着打包花园的东西，晚上就在房子的墙上不停地画画。“我只是想通过这样的方式平静下来，画了什么完全不知道。”讲到这里，睫毛哽咽着背过头去，频频擦拭泪水，而我仿佛听到了挖掘机无情拆除的声音，看到了植物被连根拔起的画面，如同骨肉分割般疼痛！现场的花友们无不共情落泪。我的儿子 Aden，曾和她一起参加过花园旅行，在听了分享后，感动地为她送上了手作的百合花。

对许多人而言，这般经历堪称不愿触碰的人生“至暗时刻”，但睫毛却以真诚的态度剖析这段心路历程。她笑言，来到威海便如归返家园，故而能毫无保留地分享故事，只愿借此让更多女性从她的经历中，寻得面对人生失落的勇气，汲取自我疗愈的力量。

虽然经历了生活的诸多磨难，但是睫毛的坚强让人佩服。在一切归于平静之后，她又慢慢调整好自己，开启了全新的生活，她在北京乡下租了一处大棚和房子，重新打造花园和工作室。

2023 年春天，“睫毛的花园”重生了，在花草环绕之中，那个爱笑的“花女孩”又回来了！布满了花草、咖啡、甜品的睫毛花园每周只开四天，剩下的三天，用来打扫卫生和照料植物。重生的睫毛，有治愈他人的力量，也有疗愈自己的坚强。

愿每一位心向美好的人，都不会被辜负。

DREAM
GARDEN

梦想和花一起绽放
大连——荻花姐姐的花园

在威海第一届的 Open Garden 活动里，有一位非常特别的分享嘉宾——荻花姐姐。她曾是网上知名的园艺博主，我初涉园艺时，常翻阅她的博客学习如何种花。荻花姐姐老家本在威海，她从小和爷爷奶奶一起在此生活，直到十四五岁才迁居大连。也许是对这方水土的怀念和深爱，每当威海有活动，她都会前来参加，并带来钟爱的植物品种分享给一众威海的花友们。

在那届 Open Garden 活动中，荻花姐姐结合自己的成长和生活经历，给花友们带来了以“花草美学治愈”为主题的精彩分享，让大家看到了实现梦想的万种可能。

在退休后的第三年，荻花姐姐开始造园，特别的是，花园并不是她自己的，而是侨居国外的朋友闲置多年的花园。改造别人的花园，听起来是一件不可思议的事情，但荻花姐姐却乐在其中，因为这帮她实现了心中的两个梦想：一是把自己喜欢的植物亲手种一遍，二是开一家贩卖美好的小花店，取名为“花·时间”。

荻花姐姐改造的花园面积大约 2000 平方米，花园的框架是与专业设计师商讨后共同确定的，经过反复考量，最终确定用枕木来作为园子改造的主要材料。园子里原有的基础植物已有 20 多年光景，她进行了集中规整：为东面的坡地果树园做了梯田，南面的种植区做了部分苗床，西部林荫池塘区做汀步，还开辟出一方小菜园，让不同区域各成景致。

花园的改造历时 5 年，其间，荻花姐姐亲手种植了 1000 种以上的植物，花园里春夏秋冬都有不同的植物粉墨登场。特别值得一提的是她种出的各色大丽花，不仅让花友们垂涎三尺，也成为她小花店的主要花材。荻花姐姐乐于分享，因此她的许多花艺师朋友，都曾收到过她亲手种植的大丽花。2024 年我在威海举办“心中的花园”摄影展前夕，荻花姐姐也空运了 260 枝自己亲手栽种的大丽花来支持。打开快递箱的瞬间，我的眼眶湿润了，这些美得不可方物的大丽花，成了那次活动最重要的扮美花材，也让威海的花友们认识了‘皇家牛奶咖啡’等很多大丽花的品种。

这些年，荻花姐姐曾多次到访威海。她说自己是喜欢种花的摄影师，喜欢拍花与女人的园艺师。在我看来，她是“摄影师里最会种花的，花友里摄影最好的”！她为花友们拍摄了许多花园美照。穿着背带裤，架起相机，专注于捕捉美的瞬间的荻花姐姐，拥有着不安于现状、懂得自洽、勇于追梦的真性情。

TIPS

1. 种植前先了解植物习性，如落叶杜鹃、高山杜鹃、马醉木等喜酸性土，碱性土质地区需谨慎种植，优先寻找本地易生长的低维护植物。
2. 按季节布置不同植物，观察植物生长习性，合理搭配。
3. 推荐在花园种果树，兼具观花、观果、观叶价值。
4. 北方花园可种植枝干彩色的植物，为冬季增添色彩。

DREAM
GARDEN

快意江湖的梦想花园

扬州 | 侯晔的飞猫乡舍

在园艺的江湖上，有一对传奇夫妻——江苏扬州的侯晔和飞猫。十几年前，他们先后辞去职业经理人的工作，回到飞猫的乡下老家，建造了一个 3000 平方米的花园和 6000 平方米的苗圃基地，取名为“飞猫乡舍”，女主人江湖人称“侯爷”。

我和侯爷结识是在“绿手指”举办的年会上。2017 年我们都参加了“绿手指”组织的澳大利亚花园之旅，一起去探访花园，搜罗花园杂货，我也见识了她对花园的狂热和痴迷。如今 8 年过去，每年都去世界各地花园学习采风的她，已和老公飞猫成立了花园设计工作室，在全国各地及海外，打造了约 120 个不同风格的大小花园。从一个花园“小白”蜕变为资深花园设计师，不得不说，这是位“狠角色”。

这些年我旅居海外，但与侯爷的联系一直没有断过，我一直想去拜访她那世外桃源般的飞猫乡舍。去年冬天 PLANTS DREAM 应邀参加苏州花友年会，路过扬州时，我冒昧提出要去她的花园探访，她爽快地答应下来。

我傍晚才抵达飞猫乡舍，一进门就被一排排叫不上名的花烛所吸引，铸铁的炉子里柴火烧得正旺。巨大的木质餐桌上已经摆满丰盛菜肴，

飞猫为了迎接我们，特意提前从工地赶回来担当大厨：红烧鳜鱼、狮子头、扬州老鹅、高邮湖大闸蟹……侯爷特意挑选了玫红色阿波尼系列餐具搭配这丰盛的晚餐，席间她还拿出老妈酿制的经年老酒，推杯换盏中，我有些恍惚也有些迷醉。饭后，侯爷又用收藏多年的英国瓷器泡上香茶，我们一边喝茶一边聊着这几年花园和身边朋友的变化……她兴奋地向我介绍从全世界搜罗回来各种高级的瓷器、艺术品，让我不禁感慨：这些年她不仅如愿成为一位成功的花园设计师，还是一个不折不扣会享受的生活美学家。

侯爷生性豪迈、好交朋友，她有一群来自五湖四海、因花结缘的好姐妹，即“玩家姐妹”。为了打造更有温度的居家空间，侯爷根据每个姐妹的喜好，为她们设计了主题房间，每个房间都有自己的名字。那天晚上，酒足饭饱后，我毫不客气接受安排，下榻到大姐的温馨闺房。

第二天一早，我就迫不及待推开飞猫乡舍花园的白色木门，迎面就是可食用花园中长势喜人的蔬菜，昨晚餐桌上的美味青菜原来都出自这里。因为侯爷坚持不施肥、不打药，蔬菜还原了它本来的味道。

花园是由侯爷亲自操刀设计的，在造园之初，她就认真思考并确认好了花园的骨架，秉持着“花园要为人所用”的理念，建设了功能强大的区域，有花园厨房、蔬菜花园、池塘、酒坊、烤炉、鸡舍、狗窝以及聚会用的风亭等。当然，还有每个季节植物的舞台——草甸子！侯爷认为花园一定不能只有单季花可看，而应在不同季节有不同的魅力。她向我细细分享草甸里不同季节的植物搭配，待春天球根植物灿烂过后，草甸里的各种观赏草便成了焦点。侯爷喜欢在各种茅草类以及狼尾草植物穿插种植一些宿根植物，让不同植物在光影里交错生姿。

最值得一提的是她设计的花园风亭。这座围绕池塘而建的风亭是飞猫乡舍里的标志性建筑之一，由钢板焊制而成，一白一紫的柔美紫藤蜿蜒攀爬而上，中和了钢板的生硬质感。这里是花园派对的大舞台，也记录了这些年迎来送往的每一个欢聚瞬间。

我想侯爷是幸运的，有天马行空的梦想，又有一位“言听计从”的灵魂伴侣相伴。侯爷说，这些年因为喜欢园艺，设计花园，拜访了很多花友，也结识了很多志同道合的友人。我想，这也是她的人格和花园的魅力所至吧！

DREAM GARDEN

露台的旧时光絮语

武汉｜曾妈的杂货花园

曾妈曾是出版社的资深编辑，也是位痴迷园艺的资深花友。我和她是在“绿手指”组织的读书会里相熟起来的。我早有听闻，她的花园是颇有品位的露台杂货花园，心想有机会一定要去一睹为快。

曾妈的花园坐落在湖边公寓的露台上。她说当时看房，一眼就相中了这里，想象着退休后，能按自己的意愿，打造梦里的花园图景。

如曾妈所愿，刚一退休，她就全身心投入打造花园的工作中。彼时国内家庭园艺刚刚起步，她找不到心仪的设计团队，就凭借自己多年来在编辑园艺图书中积累的心得亲自上阵，先勾勒出露台花园的基础框架和结构，再慢慢完善细节。

曾妈的露台大约 200 平方米。从楼梯间步入露台，首先经过一个阳光房，里面摆满了她从世界各地搜罗来的旧杂物，年代、地区都不同，但搭配在一起，却一点都不违和。“古董级”雕花大立柜的柜顶上，混搭着各式老物件，其中有我们一起去比利时扛回的牛奶壶；柜旁的杂货桌上铺着欧洲跳蚤市场

淘来的白色麻布刺绣桌布；一款旧木椅上慵懒地趴着两个有故事感的布偶。我去拜访时，正好是阳光明媚的午后，阳光房里三角梅开得热烈，有年份的龟背竹在光影里舒展枝叶，一切都是那么恰到好处。

走出阳光房，移步露台花园，目光所及之处皆素净、耐看。灰蓝色为主调的栅栏、藤架、凉亭搭配着老城墙拆来的旧灰砖地面。紫藤、欧洲木绣球、月季、猥实等开浅色花的植物是花园主角，四周用各种陶盆、铁艺盆等配植了一些灰蓝色系叶片的植物，如足摺野路菊、蓝冰柏“棒棒糖”等，铜叶的烟树点缀其间，疏密有致。转角处的罗马柱搭配淘来的旧木板，斑驳的铸铁盆里种着曾妈最爱的白色铁线莲。

露台上的杂货可真不少，却不显杂乱。看完不得不佩服曾妈对杂货的搭配功力。在她的露台花园中，每个角落的植物与杂货搭配都值得细细揣摩和学习，每一处场景都堪称日式园艺杂志的封面图。

露台花园除了楼梯间、阳光房、一个凉亭，还有杂货工具房，植物种植空间十分有限，只能依女儿墙砌几个种植槽，并搭建了两个藤架，充分利用垂直空间的同时，还有一定的遮阳效果。因预算有限，曾妈便充分利用旧物——她将老城区拆除下来的青砖用来砌背景墙和种植槽，并用来铺设地面，用小区改造拆除的旧防腐木做了栅栏、休闲区藤架及观景地台，既节约了成本，也与杂货风花园十分适配。

和所有的园艺爱好者一样，曾妈最初也是“种植控”，但凡看到喜欢的品种就会千方百计买来种下。但植物并不为她的执着买账，很多都成为花园里面的过客，她这才慢慢摸索出适合自己花园和气候的品种。而她对杂货更是爱得“偏执”，尤其迷恋一些有岁月感的杂货。她是周末地摊、旧货市场、废品回收站的常客，连出国旅行时也不忘去跳蚤市场搜罗一番。记得那年我们一起参加比利时荷兰花园之旅，刚到比利时的第二天，路过一个教堂边的小跳蚤市场时，她就被一个锡制的牛奶壶吸引，迈不开步了，怎么劝也不成，一定要买它。于是，她就提着这个“沉重”的牛奶壶完成了后面二十多天的旅程。

这些年她的花园愈发成熟，藤架上的白色紫藤、叶片像樱桃的鄂羊蹄甲、凉亭上攀爬着的野生何首乌，花园里的每一株植物都是经过筛选后留下的，每一处场景都符合她的预期。花园如人，曾妈的花园是淡雅的，没有浓烈的色彩，却像一帧帧耐看的老照片，值得细细品味。

藤架上那棵飘逸的白色藤本月季‘贝比·詹姆斯’背后还有一段故事呢。那年在比利时迪娜花园，我们都被那棵白色藤本月季惊艳到了，它缠绕在参天大树上，开满白花的枝条像瀑布一样倾泻下来。而后，我们都四处寻找它的踪影。我在切尔西花展、她在汉普顿花展都曾找到这个品种，却都因路途遥远而作罢。直到最后我去东京玫瑰展参展时又发现了这个品种，带回国送给她，她才如愿将它种到自己的花园中。每当花开的时节，看着白色花瀑垂落，她总会回想起那些年当“植物猎人”的趣事，不由地笑出声来。

这些年，曾妈数次千里奔赴威海参加花园活动，有一次辗转五次车程，却仍带着古董青花喜字罐这样的宝贝当礼物。我们聊花园、聊生活，直到深夜仍舍不得散场。或许对爱花之人来说，花园不仅是植物生长的容器，更是情谊滋长的沃土。

PART FIVE

植梦·绽放

从最初在花园里独对草木，到推开院门引领众人共赏芳姿，我始终相信花园的真谛从不只在汗湿衣襟的栽与种，那些将人间烟火融入花园的时刻，才是花园赠予生活的真正礼物。花友年会、花园聚会，园艺市集和摄影展是这些年来和花友们一起植梦的“心中的花园”。希望能将这份园艺美好，传递给更多喜欢花草的朋友们。

WEIHAI OPEN GARDEN

威海花园生活的“领头燕”
燕子姐的玫瑰花园

燕子姐是威海的花友圈里最早开始造园的。我和燕子姐已相识十几年，缘分始于《威海晚报》周末版的报道。彼时，记者优小种那篇关于燕子姐花园的报道就像一束光，把我的园艺梦照亮了。我按捺不住内心的激动，冒昧前去拜访：趴在燕子姐花园的白色栅栏上向内张望，那瀑布般的黄木香搭配着五颜六色的百合，让我眼前一亮……就这样认识了燕子姐，才有了后来这么多故事：关于园艺的分享、关于威海的 Open Garden……

当时我对各种园艺植物只是一知半解，认识的品种也都是“普货”，而燕子姐的花园里有许多新奇品种，因此，我经常向燕子姐请教，也就这样慢慢和她熟络起来。

燕子姐的花园不仅是威海“元老级”的花园，也是我眼中最有特色的。白色的木栅栏上爬满了粉色的月季‘大游行’，下方用月见草呼应，燕子姐花园中的这一处景致是深深烙在我脑海中的画面。

园居 17 年，燕子姐和她的花园已经形成了一套独特的相处模式：花园里的小喜鹊会自己找材料筑巢，有时还会淘气地咬断猕猴桃的小枝，燕子姐都由着它们；植物们更是可以恣意生长，每次花园里有朋友来访，总能听到她反复叮嘱“注意脚下，别踩到植物”。药草老师拜访后曾感慨：“燕子姐在植物品种上不做断舍离，一心沉浸在种种种的快乐里，这就是老园丁的执着。”燕子姐就是如此，她永远觉得种花的时间不够用，连夜里都戴着头灯在花园里种花，可以说已经达到“花痴”的最高级了。

这处慢慢生长的花园，经过多年的沉淀，已经褪去了轰轰烈烈的美，而是演变为深刻感受植物带来的疗愈的所在。那窗前瀑布般的黄木香和月季‘甜梦’、进门处红色的‘御用马车’、灿烂的‘大游行’……燕子姐花园里的这些标志性景致，曾给我和其他很多花友带来非常深刻的影响，她也被威海的花友们戏称为“教母”。

燕子姐花园里的玫瑰不仅好看，用处也很多，不仅可以装点餐桌，食用玫瑰还可用来制作美食，将花瓣取下后加白糖捣碎，密封保存一段时间后，就是香气扑鼻的玫瑰酱了。

除了热爱种花，燕子姐也乐于分享。近年来，燕子姐致力于打造“零废弃”的生态花园，玫瑰花园也在不断变化。她也热衷于将这种环保理念分享给更多的花友。她经常和花友们聊堆肥的益处和乐趣，还一次次不厌其烦地向新花友演示堆肥过程，乐此不疲。可以说，威海花友圈掀起的“堆肥浪潮”都离不开燕子姐的“怂恿”。我也是被她“忽悠”的一员，在花园里设置了堆肥箱。有次我家的堆肥箱一直升不上温，一声召唤，燕子姐就来我家给堆肥箱“号脉”，徒手掏肥，帮我解决了难题。

每年威海举办 Open Garden 活动，燕子姐都精心筹备，即便是我“滞留”在日本的三年，Open Garden 活动也从未间断，这背后都离不开燕子姐的用心组织和付出。

一直以来，我从燕子姐身上学习到的、感触最深的就是“园艺的乐趣在于分享”，我想，这正是燕子姐赤子之心的写照吧。

TIPS

1. 种下花草不等于打造花园，经济条件允许的情况下，最好找专业的设计师来规划花园的基础结构。
2. 种植经验需要积累，也要因地制宜，不能完全照本宣科。
3. 小花园是大自然的一部分，生态平衡由园丁和植物共同维护。花园里不应过度使用化工制剂，可使用堆肥，打造健康、可持续的花园是园丁的责任和义务。

燕子姐的花园

WEIHAI OPEN GARDEN

面朝大海 春暖花开
彩虹的树屋花园

从征战职场的外贸经理人，到满世界看花园，这些年园艺荡起的涟漪一直在我的心中扩散，树屋花园就是我心的故乡。无论漂泊在何处，每当想到我的花园，内心里都会充盈着无穷的力量。

独具“家的味道”的大包子、鲜美的鲅鱼丸子汤、高耸的树屋、草地上撒欢的小狗……这是花友们总结的属于我的树屋花园的特色元素。和许多花友一样，我的园艺启蒙来自家人——爷爷和父亲都喜欢种花。成年后，我渴望拥有一个属于自己的花园。树屋花园就完全符合我心中对花园的设想——面朝大海，春暖花开。这些年，这里不仅是我和家人生活的地方，更是爱的寄托之处。

后来，我旅居日本神户，但心中仍时时刻刻记挂着我的花园，多亏有家人多年来帮我照料花园里的植物，让我的花园能继续延续这份美好。从我和燕子姐一同发起威海 Open Garden 活动起，我的树屋花园一直是开放花园之一。令人难以想象的是，在我因特殊原因不能回国的那些年里，我的树屋花园依然在 Open Garden 活动期间开放参观，现在想想，都会觉得感动且不可思议，这也是世界上独一份的威海花友之情吧！

我的花园整体围着房子呈“U”形。花园中的标志性建筑树屋是依托两棵超大榆树打造的，最初是送给小儿子 Aden 的生日礼物，后来成为他成长的秘密基地。

我喜欢爬山虎，房前屋后攀爬着的爬山虎也是花园的主角之一，春夏秋冬，各有景致。春天，屋檐上开得正盛的是本地的藤本月季‘五月红’，在改造花园的过程中，我几次想要换掉它，觉得它过于红艳，但认真思量过后，又打消了这个念头，它开得那么灿烂，已经是花园的一员了，就让它继续绽放下去吧。

在花园面海的一侧，我建了一个小小的可食花园。在日本时，我曾去过京都的英国村，被村里造型别致的各种英式乡村花园小屋打动，也想在我的树屋花园里复刻一座。我用故乡海边被海浪打磨的红砖等建筑垃圾，打造了一间英式小屋，又砌了一个个菜池，既环保，又与田园小屋不谋而合地协调。菜池里既种了洋甘菊、迷迭香等香草植物，也种了用来拌沙拉的各种生菜，当然也不忘夹杂着种几株喜欢的百合和大丽花。

在花园一角，我还特意为母亲砌了一个大锅灶。这也是在我规划花园时，她唯一的要求。这个大锅灶不仅是母亲操劳一辈子的“舞台”，更是我儿时记忆的重现。每当在树屋花园举办聚会，我都会启用大锅烧柴煮饭，看着袅袅升起的炊烟，总觉得幸福感满满。这个大锅灶，让我的花园更有家的味道。

花园的另一个主舞台，就是家人自己设计制作的泰国原木大餐桌了。已经记不清到底和朋友们在这张餐桌上吃过多少次大包子，烤过多少次羊肉串了。那些推杯换盏、举杯共饮的时光，孩子们雀跃着在树屋上下攀爬，朋友们伴着吉他欢唱，都留在记忆的深处。在我看来，花园不仅是用来种植花草的地方，更是用来享受和感知生活的场所。在花园里用过的餐、举办过的聚会，都是花园生活美妙之处的生动呈现。

这些年，因为热爱园艺，在闲暇之余，我走过很多地方，见缝插针逛花园，步履匆匆，很少停歇。但只要我一回到树屋花园，总是第一时间一头扎进花园里：修剪、施肥、播种……生活中总有很多千头万绪的烦恼，但花草总能给予我重启的勇气，这大概就是园艺赠予的疗愈魔法吧。

PLANTS DREAM 品牌的创立也是我园艺梦想的落地，威海的 Open Garden 活动也和 PLANTS DREAM 密不可分，因为这些，我和大家有了更多连接。来自天南地北的花友们因花结缘，因花相聚于山东最东端的城市——威海，想来真是太奇妙了！我常说："人生的下半场，要与花为伴。"这份与花相伴的美好，源远流长。

TIPS

1. 充分了解植物习性，再选择栽种。树屋花园里的凌霄侵略性强，下地种植前要谨慎。
2. 花园无论大小，都要适当留白。

彩虹的花园

WEIHAI OPEN GARDEN

用心浇灌爱的花园

猫猫的花园

小小的身体，大大的能量，这是威海花友圈的猫猫给人的第一印象。与她娇小的形象形成强烈反差的是，她的花园里的植物都非常“大块头”。花园的每个角落都收拾得利索、清爽，可见她对花园的用心。猫猫的花园之所以得名，是因为这里收养了很多流浪猫。小猫们来了不愿意离开，猫猫也特别欢迎它们安营扎寨。

猫猫的花园位于居民楼东边户的一楼，形成了一个南北正方、东北狭长的“L”形。根据地形和光照特点，猫猫因地制宜栽种了不同的植物：南面光照充足，她在窗前、藤架、围栏等处搭配种植了月季、木绣球、木香、紫藤、凌霄等喜阳的植物。光照不足的北面则选择了耐半阴的绣球类植物。花园里各处隐蔽的角落以及树下低矮的位置，则填补了观赏草、玉簪等。今年经过思量，猫猫又在北花园新增了一处阳光房，成为花园新的休闲空间，这样花园就形成高低错落的观赏层次，从而丰富了视觉效果。

一走进猫猫的花园，满眼都是繁茂生长的植物，每一株都生机勃勃，一看就是得到了精心的照料。花园里的风车茉莉、木香等“元老级”植物从建园起就扎根在这里，随着岁月更迭，日渐粗壮，猫猫也任由这些植物肆意生长，并随着它们的长势调整布局，不断优化造景。

最初造园，猫猫也是狂热的，恨不得把所有喜欢的植物都种在花园中。即使是被花友们多次提醒了不适合威海种植的植物，她也还是会因为喜欢而买来种下，可谓是不撞南墙不回头。

如今的花园，猫猫也开始做减法，留下的都是经得起环境考验的品种。花园里的藤本月季多，每年冬天的修剪工作量大，随着年龄增长，猫猫已觉得有些力不从心，因此，这几年猫猫开始考虑精简植物，思考如何打造低维护的花园，让人与花园达到最佳的适配状态。

今年是猫猫造园的第 10 年，从花园“小白”到资深花友，她始终保持十足的学习劲头，处处追求完美。在她的朋友圈里，记录花园的点点滴滴已经成为每日打卡项目：二十四节气里花园的状态、木香的开启与谢幕、小刺猬和小猫的花园生活、雨雾中的花花草草等，她都一一分享。

这些记录离不开猫猫老公的付出。他总是认真履行摄影师的职责，花园的大片几乎都出自他的手。猫猫的花园之所以美，不仅离不开女主人的细心呵护和用心浇灌，也离不开男主人的全力支持。

每一次 Open Garden 和其他花友活动，猫猫的花园里总是“妇唱夫随”。这样有爱的花园，不仅是因为他们都爱花，更因为他们彼此相爱。

TIPS

1. 花园以人为本。室外休闲区是重中之重。一个好的休闲区，会提升花园的幸福感。
2. 植物的选择一定要因地制宜，考虑层次的搭配和植物的多样性。

猫猫的花园

柯利的蔚然花园

栖居一隅看草木荏苒

WEIHAI OPEN GARDEN

柯利是一位在威海定居的景观设计师，她的花园是威海私家花园里的“专业级选手”。花园是以女儿蔚然的名字命名的，寓意草木茂盛的样子。

柯利从小就有一个花园梦。大约 6 岁时，她看到课本上一篇配了插图的故事，讲述了蜜蜂、蝴蝶仙子在花园里忙碌的景象，打动了年幼的她。从那时起，她的心里种下了一个花园梦的种子。

10 岁左右，柯利的妈妈因为她在词典的封面上画了一幅画而生气，批评她不懂得保护书本。“其实我画的是穿长裙的姑娘在河边的花海采花，那是我又一次把梦想画了下来。”多年后柯利回忆道，言语间仍带着对那份憧憬的珍视。

后来，柯利经历求学、工作，辗转深圳和北京，但花园梦一直深藏在心中，只是花园不易得，而阳台养花的方寸天地，已渐渐满足不了柯利对花园的渴望了。

转机出现在 2018 年，柯利来到威海定居，买房时她把拥有一座小花园作为首要考量。于是，这座大约 90 平方米的门前小花园成了柯利圆梦的地方。虽然面积有限，但她心中想打造的花园场景，正慢慢在这里一一实现。

柯利的花园分为东院、中院和西院三部分。东院的面积最小，是禅意花园，这里大多是不娇气的宿根植物，半数植物常年不落叶，虽无百花争艳，却以一片和谐的绿意为来访者带来平静恬淡的心境。上层利用日本枫树作为骨架树，底层种了大吴风草、杜鹃、玉簪等耐阴植物，高低错落有致。东院地面的小碎石子路是柯利一个人完成的，花园里的石块和木头也多是野外捡回来的，有祁连山下的石头，也有新疆天山脚下捡来的。现在，她的女儿出去玩回来经常会给她带木条、石块。

中院是杂货风格，也是庭院入口和进入室内的交通空间，就着原房主留下的花岗岩地面，由户外家具和各式盆栽构成一个休闲空间。盆栽是最不省心的，每天都必须浇水，施肥也要控制好肥量，有些植物冬天要套盆保暖，夏季太晒要适当遮阴。每次想出门几天，柯利最放心不下的

也是这些盆栽。但这个盆栽区也是最有乐趣的，可以根据季节调整植物品种，收获四季不同的景色。平时，柯利常常坐在这个空间发呆、喝茶、晒太阳，也可以透过小栅栏看看争奇斗艳的西院。

与东院和中院不同，蔚然花园的西院是热闹、自由的，也是粗犷的。藤本月季、牡丹、芍药、绣球、铁线莲还有各种草花、球根植物……在不同的季节依次或者同时“高调出场”。柯利擅长花境设计，她总是乐此不疲地调试着，花园也在不断成长着。

到了秋季，柯利又如往年一样，收集许多落叶，准备堆积起来腐熟，明后年就会变成黑黢黢的落叶堆肥。天气愈发转凉时，清园、上冬肥、浇透水，完成这一系列养护工作之后，她与植物都可以安心“猫冬”了。对于爱花之人来说，当春暖之日，嫩绿的小芽冒出头的时候，便是新的一年开启。

TIPS

1. 花园要敢于用大型植物。可以从好养并且容易出效果的植物开始，多尝试。
2. 应季草花必不可少，一年一会，性价比很高，可以快速地让花园美丽起来。
3. 非常推荐各色玉簪，尤其是盆栽的玉簪，完全可以成为花园的主角。

柯利的花园

WEIHAI OPEN GARDEN

『精英姐』的园艺执念
晶莹的花园

有多少人是因为想实现“蔬菜自由”而选择造花园的？晶莹姐就是其中一位。

作为职场精英的晶莹，因为经常要加班到很晚，回家后在小区里兜兜转转找停车位成了烦心事，这让她萌生了想找一处方便停车、带院子的房子的念头。而真正让她下定决心造花园的是“黄瓜开花”的意外。有天，她去超市买的黄瓜放了一夜竟开出花来，这个小小的惊诧，瞬间点燃了她心中的造园热情：“我要有个自己的花园，能种菜的那种！”于是，就有了今天的莹园。

对于花园的打造，晶莹坦言自己一直在不停地折腾，从布局规划到品种更换经历了四个阶段的调整。这可能就是园丁的初级状态，不停买买买、种种种，也不停调整、不断改造，但是无论哪个阶段，菜园都是莹园中最重要的一部分。

晶莹平日里工作繁忙，是出了名的空中飞人，只能在休息间隙打理花园。有时种植旺季加班到深夜回家，都没弄清楚花的标签和品种，她就匆匆种下地了。虽然很辛苦，但晶莹却越来越痴迷，她说，看到自己种下的花盛开的那一刻，是最幸福的时刻。

晶莹是个“品种控”，她用矢车菊、虞美人、洋甘菊、紫斑风铃草等常见品种营造出浪漫的英式自然花境，是每年花园开放日花友们心心念念之地。花园中有两棵巨大的金银花，沿着旋转楼梯蜿蜒而上，春暖花开的日子，金银花和藤本月季的香气交织，弥漫在花园的每个角落。

如今，晶莹的花园也逐步形成了自己的状态，张弛有度、疏朗有致。于晶莹而言，花园是治愈身心的港湾。踏入花园，触摸泥土、呼吸花香、静听鸟鸣，让工作的疲惫与生活的琐碎都被抛之脑后，她又能元气满满地迎接工作和生活的新挑战。

TIPS

1. 造园要有目标，明确自己到底想要什么样的花园很重要，这样才能做到省钱、省力。
2. 了解自己花园的采光情况，根据光照选择合适的植物。
3. 水、电、功能区域要提前规划好，争取做到一步到位。

晶莹的花园

WEIHAI OPEN GARDEN

徒手打造的『网红』小花园

微微的花园

在威海花友圈，有这样一位热爱生活的“女汉子”，凭借一己之力，亲手打造了一处 40 平方米的小花园，从花园的设计到施工，再到植物种植等，每个环节都亲力亲为。她将自己造园的过程拍成视频分享到网上，多条视频爆火，让她收获了百万粉丝，一跃成为花友圈的新晋“网红”。她，就是微微花园的主人于微。

微微的花园可谓是麻雀虽小，五脏俱全。面积不大的花园既有休息区、下沉式休闲区，还有一方小鱼池，在微微的精心设计下，花园成了生活的一部分。

微微说自己打小就是那种能上房揭瓦、上树抓鸟的大胆姑娘。其实她的内心一直藏着一个花园梦，但因工作原因，一直没有机会实现。辞职后，经过深思熟虑，她决定要圆自己的花园梦。此前，她曾作为助手，和“多肉王子”二木一起打造过多肉花园，具有一定的造园经验，因此，她决定自己动手打造花园。加之她擅长绘画，将手绘元素巧妙融入花园设计，让花园充满了童趣，也正是这份独特，让她迅速走红网络。

微微的花园里最具标志性的还属那座小鱼池。当时在造这处小鱼池时，不少网友提出质疑，抛出各种“不可行”的问题，但最终微微都用事实胜于雄辩的方式做出了回应，她说：“只有经过亲自试验，才知道能不能行或者对不对。”

如今，微微依然喜欢花园里植物品种丰富多样，看着满园五颜六色的花绽放便满心欢喜。她每年都在微调植物品种和花园布局，尝试给花园带来不一样的变化。对于现在的微微来说，随着年岁的增长，她更珍惜的是花园的陪伴。植物和人一样，会有萌芽的新生，也有衰败的时候，人生亦是如此，有起有落，但只要有植物的陪伴，就有了面对一切的勇气。

微微的花园

WEIHAI OPEN GARDEN

“折腾王”的魔法世界
二木的小森林农场

二木是威海花友圈的“古早网红”，十多年前，他就因多肉而走红网络。我们相识多年，见证着彼此的一路成长。后来我旅居日本，二木则开启了新职业赛道，操盘国内的大型文旅项目，练就了超强的行动力和执行力。

曾是一名贸易公司职员的二木，因爱上多肉而踏入园艺圈，从此便开启了他在园艺圈的传奇，也因此得名“多肉王子”。他不满足于在小小的阳台花园里种多肉，在威海里口山创办了二木花园，彼时正值多肉热潮，他的花园甚至创造了游客挤倒围墙的盛况。

小森林农场是二木于 2016 年承包的一处山头，面积有 110 亩。他耗费心力在山头上打造了一座集装箱城堡，并开辟了一个生态花园，但过了一段时间的山居生活后，二木下山工作，山上的花园逐渐疏于打理。2023 年，二木回到威海后便再次扎根山头，开始打造全新的小森林农场。

再次拜访他的花园，我们开着车跟随导航一路向山间行驶，路边的植物越来越繁茂，野生的草花和大片的大滨菊花境交相辉映，宛如走进了宫崎骏的动画世界。这些年他离家在外工作，山上的花草“靠天吃饭”，随性生长，但那些藤本月季和绣球却茁壮得让人咂舌。

面对这么大的农场，如果换成其他人可能会犯愁，但是二木却乐在其中。农场里的植物体量惊人，但他很少提及养护的不易，反而常常向我们炫耀：“山上花量大，已经实现了切花自由！”

农场的前院和东院如今已是第 7 个年头，植物生长稳定，花量惊人。大型拱门上攀爬着的各种月季都爆花了，铁线莲也表现出色，那棵爬上屋顶的铁线莲‘苹果花’，藤蔓粗壮。二木向我们介绍，他在打造小森林农场时，注意保护生物多样性，模仿自然生态系统自循环的方式规划建设，这里俨然成为他在北方区域生态花园的试验田。

农场里的小木屋、工具房，以及各种各样的小物件，如昆虫屋、菜地爬藤架、鸡窝、花园标志牌等都是二木亲手打造的，足见他超强的动手能力。今年，二木又改造了工具房内部的格局，腾出了更多空间用于育苗。

此番探访，最让我惊喜的是农场里新增的室内标本馆，里面收藏了二木从世界各地采集回来的动植物标本。一进入标本馆，琳琅满目的标本让人目不暇接。二木的妻子于喵也在这里创作了许多精美的压花作品。

二木说，小森林农场里还在进行着各种“调试”。这种不断的尝试可能就是每一位园艺人的乐趣所在吧！在这里，总能发现惊喜，有孩子手写的充满童趣的小牌子，有龙猫造型的面包窑，有意外丰收的纯天然草莓……二木一家人对生活的热爱在这一处小森林农场里体现得淋漓尽致。

二木的农场

WEIHAI OPEN GARDEN

山野感十足的箱野花园
一打的花园

我与箱野花园的缘分始于微博，当时园主一打联系我，表达了想参加威海花友活动的意愿，沟通中，我就对箱野花园印象深刻。在威海的 Open Garden 活动中，这处自然风乡村花园，凭借其独特的野趣，深深吸引着我们。

一打打造的箱野花园坐落于昆嵛山脚下，与自然环境完美相融。花园面积约 700 平方米，全南向，采光非常好，这是许多城市花园所难以企及的天然优势。整个花园分为观赏花园、乔木花园和食材花园三部分。建造花园时一打秉持环保生态理念，尽可能就地取材：花园小径的砾石来自附近的采石场，花园围墙的拱门和食材花园的种植池均是用山中废弃的圆木打造的。既不给自然增加负担，又赋予旧物新生。

山上的光照条件充足，可供选择的植物种类很多。为了契合自然环境，一打大多选择了具有山野感的植物，比如维护成本低的月季、百合、观赏草等，乔木有流苏、杏树、樱桃树、樱花树等本土植物。为了让花园更有松弛感和野趣，她还大量使用了质感比较轻盈的植物，比如虞美人、墨西哥针茅草、耧斗菜、铁线莲等，它们和花园的圆木、石材相互映衬，将自然野趣体现得淋漓尽致。每当太阳落山，在花园劳作的一打，转头看到夕阳映衬下栅栏上的藤本月季‘樱霞’，都会被眼前的美景打动。

为了保持花园的生态平衡，一打极少使用杀虫杀菌剂，因此在她的花园中，经常可看到蜥蜴等各种小动物，每年初秋的夜晚，还能看到星星点点的萤火虫。

箱野花园的食材花园更是让人眼前一亮，种满了各种极具观赏性的蔬菜瓜果：番茄、卷心菜、花椰菜、韭菜、草莓、芦笋、莴苣等，其中有许多并不常见的品种。园内设有 6 个 300L 的堆肥箱，花园里产生的残花落叶等都会在这里被腐熟成富含养分的有机肥，既保持了花园的干净整洁，又减少了碳排放，还把花园的土壤养得越来越肥沃。

TIPS

1. 可以将蔬菜和一些可食用的花卉搭配种植，有一举多得的效果：一方面花卉可以吸引昆虫，帮助蔬菜授粉结果，另一方面，合理的搭配伴生也让植物们长势更强健，此外，可以让菜园看起来像花园一样赏心悦目。
2. 注意植物的密度，适当的留白看起来会更和谐，太过拥挤不仅不美观，也会招来更多的病虫问题。

一打的花园

WEIHAI OPEN GARDEN

远离尘嚣的乡村花园
金金的花园

或许你也曾听说过这样的故事：都市白领逃离北上广，回归乡村，过上了不同于以往的田园生活。金金便是其中一员。学法律出身的她，在北京生活了 14 年，拥挤的城市、快节奏的生活，让她突然在某一天厌倦身边的一切。她开始找寻新的城市，准备开启新的生活，威海成了她最终的选择，也让她开启了花园设计师的全新身份。

金金的花园位于被誉为威海后花园的里口山，这是一处仅有 3 年园龄，面积约 200 平方米的乡村花园。在这里，金金以原有的建筑为基础，巧妙地利用当地石材，徒手打造属于自己心中理想的乡村花园范本。她的花园是克制的，也是理性的，金金秉持着这种“自然而然”的设计理念，致力于营造自由与秩序交融的美感，让人在花园里能真正地放松身心，这大概就是乡村花园的最大魅力所在。

金金的花园中种了许多大树，繁茂的枝叶交织成天然的遮阳伞，让花园更显隐幽、静谧。里口山盛产石材，金金便就地取材，将石头化作花园的点睛之笔：古朴的石头拱门、造型独特的石头沙发、石头垒起的喷泉……尤其值得一提的是那座石头拱门，自然古朴的质感与攀爬其上的藤本月季、一旁随风摇曳的胡枝子相得益彰，构成了一幅令人心驰神往的画面。沿着石阶慢慢踱步，一步一景，让人挪不开眼。

花园的焦点是一处石头围砌的铸铁喷泉和带有装饰花窗的小木屋。金金认为，喷泉在自然风花园里至关重要，潺潺流水不仅为植物增添了灵动的背景，也让花园更鲜活立体。我则更喜欢喷泉一侧用原木、树枝等打造的小木屋，堪称每一个园丁都想拥有的花园小屋，既可以用来收纳园艺工具，也能丰富花园景观。

在深浅不一的绿色之中，点缀着各种花园杂货，让花园更生动而有趣。茶亭上的铁艺大鸟、水塘边漫步的一群小猫、藏在角落里的小精灵……不经意间一回眸，就能与它们不期而遇。金金在花园配饰上的运用心得是不能让配饰喧宾夺主，而要有“点睛”之效。

金金并不过于追求植物的品种，而是力求用最普通常见的植物打造低维护花园。在她看来，植物没有贵贱之分，只要将它们种在合适的位置，巧妙搭配，花园就会散发出不一样的魅力。她选用了中华木绣球、花椒树、红枫、猥实、蕾丝接骨木等各种杂木作为花园的骨干树种，搭配适合本地生长的藤本月季、绣球、铁线莲等花卉，低矮处则栽种了如喷雪花、绣线菊、假龙头、老鹳草、百合、野棉花、松果菊、虎耳草等宿根植物，打造出独具特色、层次感分明的乡村花园。

TIPS

1. 不要追求新奇的植物品种，巧妙的搭配应用能让普通的植物也出彩。
2. 花园里场景的构筑和植物种植同等重要。好的场景，会让花园有故事感。
3. 尽量克制花园杂货类装饰的使用。过多的装饰既会喧宾夺主，也让花园显得凌乱。

金金的花园

WEIHAI OPEN GARDEN

复制快乐时光的秘密基地
燕窝花园

很多人开始造园，都是受儿时记忆的影响，大燕姥姥也是如此。儿时住的石头房四周，四季花果飘香，鸡鸭猫狗成群，留下太多美好的记忆。

大燕姥姥和我一样都从事外贸行业多年，我们既是曾经的同事，也是一起趴在燕子姐花园栅栏外偷艺的闺蜜。

大燕姥姥的花园围绕着欧式洋房而建。花园融入了多种风格，有中式花园锦鲤池、日式惊鹿小景、英式乡村花园三个不同区域，足以可见这位园主的“国际化视野”。

一进入院中，首先映入眼帘的便是中式锦鲤池。漫步在略带沧桑感的小木桥上，看着各色锦鲤在水里自由自在游弋，疲惫仿佛瞬间消散。这一方锦鲤池为花园增添了些许灵动感。

大燕姥姥的花园里，来自五湖四海的石头特别多，不少角落都用石头造景。闲暇时她还会开车前去乡村寻找各种闲置的石头，只因童年记忆中，那间厚重的石头房给了她非常踏实的安全感。

在植物种植上，大燕姥姥随性又大胆。栅栏上花团簇锦的欧洲月季，攀缘而上的凌霄和层层叠叠的绣球，都是她随心种下的杰作。她不拘泥于规则，看好就种，不喜欢就拔。

花园中还有许多充满童趣的景致，如秋千、小动物杂货等，这都是大燕姥姥特意为两个外孙女打造的，不久前，大燕姥姥请专业人士帮忙重新规划了后院，打造了一处具有英式乡村风情的复古小木屋。小木屋内，陈列着各式杂货和老家的老物件，墙上还挂着两个外孙女的画作。日常一家人在这里听音乐、拍照、读书、画画、聊天……温馨美好。让孩子们可以在花园里快乐成长也是大燕姥姥造园的动力之一。

从造园初期至今，大燕姥姥的花园经历了无数次调整、重建，她一直乐此不疲地折腾着。改变的是格局和品种搭配，不变的是那份源于儿时的童趣。我想，爱花的人，都是快乐的。

燕窝花园

“种植派”的乐园
爱丽的花园

爱丽的花园是威海Open Garden活动开放的新花园之一，但爱丽并不是园艺新手，而是威海的资深花友。威海 Open Garden 活动初办之时，爱丽正准备开始造园，可以说，爱丽的花园是在一众花友的见证下成长的。

从阳台到平台，从平台到花园，爱丽对花草的痴迷其实是一步步越陷越深，想收入花园的植物越来越多，种花的热情也愈发高涨，爱丽称自己是妥妥的“种植派”。

爱丽的花园分为前院和后院，面积都不大，但植物品种可不少，有果树，也有藤本月季，大多是她经过反复试验筛选出的适宜品种。花园里有不少有故事的植物，比如水池边的那棵枇杷树已经有 12 岁了，爱丽见证了它从一粒种子到如今长成粗壮大树的过程，对它感情很深，因此特意费了很多功夫从老房子移栽过来。去年深秋，枇杷因移栽伤了根系，爱丽生怕它难以存活。好在枇杷树渐渐缓了过来，结出了 20 多个果子，让爱丽倍感欣慰与知足。

“行动派”的爱丽，时刻都把花园打理得漂漂亮亮。她喜欢在花园里修剪植物，每一次挥动剪刀，都会想象第二年繁花盛开的景象，这份快乐大概只有爱花之人才能体会吧！

爱丽的花园

WEIHAI OPEN GARDEN

荒野风的花园一舍
王京的花园

王京是威海花友圈的“新晋”花园主。三年前，因给朋友设计院子，偶遇了这处唤起童年回忆的小院，她和先生随即决定将自己的工作室搬到这里，这就是现在的“花园一舍”。

这是一处位于乡村的院子，有种返璞归真的美：屋顶上袅袅升起的炊烟和红色的蔷薇花相映成趣，郁郁葱葱的大树下，孩子们追逐嬉闹，小桌上摆着茶壶和冰凉可口的西瓜……儿时的记忆里，姥姥家的院子大抵就是如此。

为了让花园融入山村，王京坚持以旧修旧，追求野性之美，因此，在植物的选择上，王京选用的品种都比较皮实，打造的花境也很清新，和小山村原本的景致毫无违和感。园中有两棵古老的银杏树，这是让她和先生一眼就相中这处院子的原因之一。小院的布置也相对古朴，王京和先生将淘来的防腐木老料打造成门廊、花架、木桌、老门板，整个空间既幽静又充满独特风情。

随着时间的流逝，这处花园已经愈发贴近王京理想中的模样。每逢周末，她都会带着孩子回归田园，让孩子亲近自然，在自然中成长，感受“久在樊笼里，复得返自然”的城乡切换生活。

花园一舍

WEIHAI OPEN GARDEN

疗愈内心的能量场
芸园

有花园的人，常常在花园里忙碌而忘了时间。但这样的状态对于职场女性来说，或许成了奢望。芸园的主人芸姐却在忙碌的职场和心爱的花园间，找到了属于自己的平衡。身为一位律政佳人，她在职场上逻辑清晰、思维敏捷，但只要脱下职业装，走进花园中，就变身为一位爱花的温柔女子。每一年的花友聚会，朝鲜族的她担任拍卖师，很会带动气氛，她的快乐也如春风般感染着身边的人。

芸姐的花园不大，有东侧的英式花园、南侧的禅意空间以及一个休息区。花园于她而言，是放松身心的场所。花园里有各种各样的风铃，都是她亲自从世界各地背回来的，微风拂过，风铃发出清脆悦耳的声音，仿佛有神奇的魔力，可以治愈一切紧张情绪，滋养繁忙而单调的生活。

在种植上，芸姐也极具风格，花园里无论花还是菜，所有种植区都整齐划一、规规矩矩，植物就像在“站队列”，这也体现了她严谨的性格。

当然，芸姐的花园并不是一成不变的，她会根据自己当下的生活状态对花园布局不断进行升级调整。2024 年因为工作太忙，她一直疏于打理花园，本以为园子会略显荒芜，令她惊喜的是，“花坚强”们还是在花季如约绽放，疗愈着她的内心。

芸的花园

WEIHAI OPEN GARDEN

五脏俱全的小花园
芝晖的花园

芝晖的花园是一处长 9 米、宽约 5 米，面积不足 50 平方米的长方形小院。对于造园来讲，能施展的空间有限，但是芝晖经过认真规划将小院分为 3 个部分：中间是休闲活动区，铺上防腐木，搭起了藤架，安放了座椅可供休憩；两侧则分别是种花区和种菜区。小小的院落，承载了芝晖的梦想。

花园里有不少装饰都是一家人亲自完成的。因为“眼馋”我家的树屋，芝晖就让先生用废木头也钉了一个小木屋，刷上油漆后安放在了院里的树上，成为园中俏皮的一景。休闲活动区与种菜区的隔断、防腐木铺就的小路等也是两人亲手打造的。这些略显笨拙、带着岁月痕迹的手工成果，反而更显珍贵，承载着满满的成就感。

说起花园里的植物，还有一段有趣的故事。多年前，芝晖网购了一些月季苗，种下后却发现不是自己想要的品种。就在她纠结要不要砍了重栽时，这些月季却给了她惊喜，在花期呈现出了花量大、耐修剪、耐虫害等优点，也因此得以在她的花园中保留了下来。每年花季，不同颜色的月季花爬满院墙，站在满树月季花下，吹着微风，十分惬意。

回顾从阳台上养几盆花，到拥有了自己的小花园，芝晖认为，花园生活无法一蹴而就，等待时间的打磨、岁月的沉淀，才能打造出最适合自己的花园。

浅草的花园

理性与感性交织的空间

WEIHAI OPEN GARDEN

浅草是标准的工科女，她的花园在布局和植物选择上相对理性，当然，爱花之人也是感性的，因此，她的花园是理性与感性交织的空间。秉持着“花园是家的延伸”的理念，浅草专门在花园里布置了大人可以喝茶、孩子可以玩耍的半封闭公共区域，缩小了观赏植物的种植面积，增设了小菜园……一切都井然有序，符合自己的需求。她的花园并不拥挤，在她看来，适当留白，也是留出花园和自己一起成长的空间。

作为资深花友，浅草对花园的领悟是感性且诗意的：花园是治愈焦虑的良药。为家人做出营养可口的一日三餐、保持居住环境的舒适、努力学习以提高摄影技巧、留出读书和娱乐的时间……这便是浅草理想的生活状态。

WEIHAI OPEN GARDEN

心中有花，三步亦成园

葵猫的三步园

葵猫的花园很小，几步就能走遍。在第七届 Open Garden 活动中，作为新加入的园主，她大方地开放了自己的小天地。别看园子不大，却有着独特的魅力，丝毫不输那些大院落。其实花园无须多大，方寸之间自有乐趣：看鱼儿在水中嬉戏，听鸟儿欢快啼鸣，泡一壶清茶，提笔写字、静心读书，或是惬意地晒晒太阳⋯⋯四季更迭，花园里的景色也不断变换；置身其中，连时光都仿佛慢了下来。

园丁们都知道，花园每经过一个季节，都会成长，改变模样。岁月更迭，种下的小苗会日渐繁茂，像合起的手掌，把小小的院子包裹，而一切都在自然而然中发生。所以，对于花园梦，别再等待，别等所谓“万事俱备”的那一天，有梦就去追，脚踏坚实泥土，种下心中那朵期待已久的花。

这些年，留英归来的葵猫一心投入钟情的少儿英语教育。她像呵护花草的园丁般悉心培育学生，如今已是桃李芬芳。即便工作忙碌，每次花友活动总能见到她的身影。她的照片与文章，视角独特，韵味十足，令人过目难忘。

犹记得那年花友年会，蔡丸子老师莅临威海，葵猫声情并茂地用中英双语朗诵《礼物》：“多么快乐的一天，雾早就散了，我在花园里干活。蜂鸟停在忍冬花上……直起腰，我看见蓝色的海和白帆。”字字句句饱含深情，让在场花友无不感动。此后，每当我在树屋花园劳作，抬头望见远处蔚蓝的大海时，葵猫朗诵的画面便会不由自主地浮现在脑海中。

我想，花园无关大小。只要心中那朵热爱之花常开不败，无论历经多少周折，那份对花草的热忱，自会在心底绽放成一座绚烂的花园。

葵猫的花园

TIPS

1. 花园越小，越要有屏风、照壁之类的遮挡，建立景深感。在阴凉处放置可安心落座的桌椅。
2. 植物层次应高低错落有致，让观赏者的眼光可以落在不同处，四时之景亦会多变。

WEIHAI OPEN GARDEN

以热爱浇灌四季芬芳韵之园

十年前，花园主人红霞踏上了园艺探索之旅。从一方小院到如今的大花园，她对园艺的热忱始终不灭，从痴迷逐渐走向理性，追逐园艺的脚步从未停歇。这座名为“韵之园”的下沉式自然花园，已有 4 年光景。红霞以女儿之名为它命名，蕴含着她对女儿的温柔爱意。花园分为北园、东园与南园三大区域，从设计构思到施工落成，皆由红霞亲自把控。园内主路以不规则大块石板铺就，蜿蜒曲折间，四季花草相伴两侧，缤纷色彩与馥郁香气交织，勾勒出如诗如画的景致。

花草树木是韵之园的灵魂。红霞偏爱以形态各异的树木搭建花园骨架，塑造不同区域的独特景致。槐树、粉色紫荆、四月雪、乌桕、枫树与竹子，化作天然背景墙；棕榈树、紫藤、柿子树、冬红果和石榴树，则是南院的“颜值担当”。其中，棕榈树与白色栏杆相映成趣，在北方花园中营造出别具一格的热带风情。东院的枇杷树与桂花树同样亮眼，夏日满树金黄的枇杷令人垂涎，且因在北方冬季不落叶，还可为萧瑟冬日增添一抹珍贵的绿意。而柿子树、冬红果和石榴树更是“全能选手”，春末夏初繁花似锦、香气四溢，秋冬时节果实累累，皑皑白雪之下，冬红果如红宝石般耀眼，引得鸟儿争相觅食，为园子增添灵动生机。

韵之园不仅是植物的天堂，更是欢乐的聚集地。红霞热衷在园中呼朋唤友，聚会活动不断。有一次拜访时，她正于主休闲区款待师长，欢声笑语间，师生情谊温暖流淌。她在花园中精心打造了八处休闲区，这里既是家人的户外客厅，也是共享美食的天然餐厅。猫狗绕膝、孩童嬉戏的温馨画面，正是她理想花园生活的模样。

于红霞而言，在韵之园的每一个清晨，为花草浇水、修剪枝叶；每一个傍晚，漫步花间、静赏芳华，都能让她沉浸于生活的宁静与美好。正如她所说："我爱我的花园，这世上，最美好的东西大概就是热爱吧，因为这份爱，让我们的园艺生活更加有滋有味。"

TIPS

1. 为减轻打理负担，园中几乎不种一年生植物，多选用多年生宿根植物，让花园在岁月中轻松焕发生机。
2. 在日常照料中，不断积累植物养护知识，每年根据植物习性调整布局，让每一株花草都能在适宜的环境中生长。

韵之园

WEIHAI OPEN GARDEN

当花园遇见艺术
松翠花园

松翠花园最初是为驻地威海的艺术家打造的一处植物实验田，所以，随性、自然、原生态是它独特的基因。当蓬勃生长的花草邂逅艺术灵感，那些转瞬即逝的绚丽，便定格成艺术家笔下的永恒画卷。

与威海众多私家花园不同，花友李辉香的松翠花园是一片占地几十亩的艺术空间。她依循地势巧妙规划，将这里分割成功能各异的区域。花园四周，一排希腊圣托里尼风格的白色艺术家工作室依山傍海而立，而风格迥异的花园便错落分布其中。园内高耸的大松树尤为醒目，粗壮虬曲的枝干，无声诉说着岁月沉淀的厚重底蕴，驻地艺术家阎平老师也因此将这里命名为“松翠花园”。

李辉香真正踏入园艺之门，源于加入威海玫瑰花友群。在这里，她接触到无数未曾谋面的植物品种，仿佛打开了新世界的大门。在花友们的热情分享下，她一头扎进“买买买、种种种”的快乐中——听闻哪里有优质花苗，便立刻驱车前往。花友们深知她的花园广袤，但凡家中有闲置花苗，总会慷慨相赠。久而久之，球根植物、宿根花卉纷纷落户松翠花园：大滨菊、松果菊肆意绽放，虞美人、蜀葵随风摇曳，矢车菊与洋甘菊交织成毯，薰衣草散发出阵阵芬芳。李辉香笑称：“花友家有的品种，我这儿基本都有！”

这些看似随意“乱塞乱种”的花草，反而让花园充满野性之美，成了艺术家们眼中的灵感宝库，甚至被要求保持原样，连改造都不被允许。正因如此，李辉香渐渐放下了请专业人士改造花园的念头，任由植物在荒野花园里自在生长，自己也乐在其中。

谈及未来，李辉香早已胸有成竹。她计划以艺术家创作基地为依托，让花园与艺术深度交融。这片充满生命力的园子，不仅是艺术创作的灵感源泉，更承载着她将事业与热爱合二为一的理想。对她而言，与花园相伴的生活，就是对宁静与美好的最好诠释，也是她心驰神往的后半生图景。

松翠花园

冬天最美的期待
花友年会

冬天，是花园最沉寂的季节，此时植物正在悄悄地为来年的绽放积蓄力量。但是，冬天却是我们花友们最期待的季节，因为岁末年初之际，总有我们期待的花友年会，仿佛是一年结束时最重要的仪式感，也是开启新的一年最好的方式。

2016 年，威海花友们举办了第一次年会，因为没有经验，我和燕子姐商量、张罗了许久，最终地点选择在一家园艺店里，前来参加的人数和现场的氛围都远远超出了我们的预期。那是我们第一次知道，威海有这么多爱花、爱园艺的群体，大家纷纷发言，表达着对园艺的热爱，走秀、发礼物……虽然过去了这么多年，但那份热烈和开心，依然清晰如昨昔。

从那之后，大家仿佛都找到了组织，第二年年会报名的花友人数一下子增加了 30 多人，年会的场地急需扩大。因此，当我的公司搬入新的办公场所，我特地在 PLANTS DREAM 工作室预留了一个比较大的区域作为举办各种活动和年会使用的专属空间，从 2018 年开始，PLANTS DREAM 工作室成了年会的固定场地。每年的主题不同，嘉宾不同，但期许和幸福却是相同的，都源自花友年会。

园艺作家蔡丸子 2018 年来威海参加了我们的年会，我曾跟随她组织的世界花园之旅，去过很多想看的国外花园。那一年，她在年会上进行了精彩的分享。后来还有不少园艺达人都曾来参加威海年会，如留英景观设计师余传文。慢慢地，威海的花友群体在全国花友圈也出名了，不仅是因为我们热情好客，也得益于每一位嘉宾的真诚分享，让我们无论在种植经验还是在审美层面都收获良多。

花友年会

2018 年，我在年会上即兴分享了《心中有颗梦想的种子》的主题演讲，当时分享的主旨是“梦想、行动、体验、成长”，其实也是我这些年的座右铭。不只是我，花友们仿佛都追随着自己的梦想，勇敢迈出新的脚步，不断收获着新的人生体验。

年会上少不了走秀、拍卖、抽奖等环节，花友芸从律师变身拍卖师，慷慨激昂地操持着整个流程，至今想来都会忍不住哈哈大笑。每年拍卖募集的善款，我们都会存入“玫瑰花园爱心基金”，为公益事业尽一份微薄之力。

因为疫情的原因，我们的年会连续举行了四届，在 2020 年暂停了。如今每每看到那些照片，还是会默默感慨一句：“有你们，真好！”当我们垂垂老矣，再回味这些美好温暖的时光，相信也会嘴角上扬，开心一笑。

像花一样盛开
园艺市集

旅居日本的日子里，我逛过许多大大小小的市集，心中一直藏着一个念想——和威海花友举办一场专属的园艺市集，让花友们有更多交流的平台。2023 年和 2024 年，我们分别举办了一次园艺市集活动，虽然两次都是作为其他活动的搭配活动，却收获了意料之外的热烈反响。威海的花友们特别给力，充分施展出了十八般武艺。

2023 年，我在 PLANTS DREAM 工作室举行日本手作展，展出并售卖日本匠人手工制作的篮子、陶器、鞋子等一系列产品。借着这次机会，我在工作室的走廊组织了首次小型的园艺市集活动，新老花友们纷纷响应，都把自己花园里闲置的杂货、植物种子等带来了现场，比如燕子姐的“无废物生活”相关展品、猫猫花园的杂货、芸的花园书籍等；还有不少带来的是自己的手工作品，如花园一舍的植物染、花宝的手工皂、阳光丽人的画作蒲扇等；大燕姥姥更是“拖家带口”来参与，带着两个小外孙女的画作来参展，童趣满满的笔触为市集增添了温馨氛围。更让我惊喜的是，远道而来的啊布，提前寄了许多展品，同事们都热火朝天地帮忙拆快递、布置现场，忙碌的身影中满是对市集的期待。

第一届园艺市集开展的那天，小小的工作室走廊很快就被填满了，琳琅满目的物件让大家瞬间兴奋起来，逛逛逛、买买买，热闹非凡。

有了第一届活动的基础，第二届的市集规模进一步扩大，吸引了更多花友和品牌商，睫毛的花园、琳琳的屿棠饰品、乐野手工刺绣品等外地花友和园艺品牌商也纷纷来练摊，大家都提前寄来各种展品、桌椅、盆栽等装点自己的摊位。现场充满了欢声笑语，像过年赶大集一样热闹。空气中有面包和咖啡的香气、所见之处皆是让人心生欢喜的小玩意，慢慢挑选几件心仪的小物，三三两两好友拉拉家常，这样的氛围感让人沉醉而放松。

回顾这两届园艺市集，每一幕热闹场景都历历在目。其实，我内心里还有一个更大的梦想，希望未来能找到合适的场地，举办一场更大规模的园艺市集。我期待着，能有更多人参与进来，体验园艺生活的美好。

园艺市集

心中的花园
花主题摄影展

2024 年夏天，PLANTS DREAM 和“生活的研习室”共同主办的“心中的花园”摄影展开启了，这里有着一段段关于遇见的故事。

“生活的研习室”主理人是来自湖南的朱泓默老师，我和泓默老师的缘分，要从威海花友小丁娘说起。2015 年，小丁娘参加了泓默老师的摄影课，是我的师姐，后来，在她的分享下，包括我在内的很多威海花友，都成为泓默老师摄影课的学生。

花园和摄影就像双生儿，每一位拥有花园的朋友，都希望自己的花园和亲手种植的花朵能以最美的状态被记录下来，留存独属于自己的那份美好。在滞留日本无法回国的三年时间里，我拿起相机拍摄了数万张花草照片，边学边拍，这种方式让我的内心得到了极大的舒缓。后来，我在日本举办了属于自己的摄影展。但从那时起，我的心中一直有个梦想——有朝一日，能在 PLANTS DREAM 工作室，举办一次属于花友们的摄影展，让大家分享各自镜头下的花园故事。

从起念到落地，摄影展的策展进行得非常顺利，时值“生活的研习室”创办十周年并成立威海站，我和泓默老师成了共同策展人。开始征集照片后，我们收到了来自全国各地花友的投稿，有威海当地的花友，也有当年世界花园之旅的花友，更有不少陌生花友前来投稿，

一张张照片都是投稿人内心的真实写照：这里有晨光初露下的花瓣，有微风中树叶的低语，有夕阳余晖下享受花园时光的人与猫……这些照片不仅是光影与色彩的交织，更是情感和故事的传递，让我们得以窥见每个人那座独一无二的心中花园。

摄影展开展当日，花友们纷纷带来自家新鲜的花材，很快就一起把剪彩的花环做好了。更有远在大连的花友荻花姐姐空运送来几箱亲手种植的大丽花，整个画廊空间都用大丽花装点，小而美的花主题摄影展就这样顺利举办了，我又圆梦了。

我在摄影展的前言里写道：“是花园这份礼物，滋养我们的内心，光影也是礼物，将这份美好定格，感谢光与影，以及此刻来到这里的每一个你……”

以花为媒，这些年所有美好的遇见都离不开花，愿我们心中的花园，永远有繁花盛开。

花主题摄影展

珍藏花园生活之美
花园派对

深入感受花园的方式之一，一定少不了花园聚会。在我的树屋花园里，我们举行过大大小小的聚会，能把一切美好的聚会都安排在花园之中，想来也是一种幸福。

每一次聚会，PLANTS DREAM 团队的小伙伴都是最忙碌的，一大早就赶来现场布置。不少“编外”人员也自发前来支援，比如花艺师王京等一众花友，纷纷加入筹备队伍。

花园里一片热火朝天的景象：花艺师忙着整理花材，布置餐桌，做各种装饰，花友们则驾轻就熟地帮忙收拾花园。正如母亲常打趣我的那句话："进了你家的门，没有闲着的人。"

花园下午茶必不可少，晚餐则是"自助"模式。不过，老妈做的喷香的大包子和鲜美的鲅鱼丸子汤，以及家人烤制的手工人烤串都必不可少，已经成为树屋花园聚会的"招牌菜"。

聚会的服装一定是考究的，一定要搭配自然风的服饰，大家会不约而同地穿上每一季 PLANTS DREAM 的新裙子，有时我还要求统一

色调，在花园的廊架下提前放置一排衣架，让大家可以自由换装，尽情美丽。随着一声声“咔嚓咔嚓”，快门按下，我们的笑容也被一帧帧定格。

每一次相聚，都是一次心灵的碰撞与共鸣。大家热烈地探讨着、交流着心中所爱。威海花友圈的团结热情离不开这些无私分享、热心助力的花友。

花园派对

致　谢

一份梦想的落地需要无数人的支持和帮助。在本书整理出版的过程中，世界花园之旅的篇章因时间跨度悠长而面临素材搜集的挑战，那些来自团友真诚分享的照片和一起回忆旅行中点点滴滴的帮助，让我再一次感受到花友间这份无私的爱。感谢以下朋友为本书的出版提供帮助：曾素、思明、啊布、睫毛、侯晔、奇奇麻、溜哒、箪食、Jessie、二木、沐光、优小种、张慧婵、刘畅、Libby、李欣、石头艳、老道、沧海一粟、小丁娘、李春燕、蔡丸子、兔毛爹、王寒香、阿布、Cherry、刘新宇、荻花涟漪、朱泓默、茉莉、珥篌、老刘、陈恩健。特别要感谢花友曾妈，她精益求精，从20万张照片里精挑细选出书中所需的图片，并参与书稿版式、文字的确认与指导。

此外，还要感谢湖北科学技术出版社的副社长唐洁和编辑张丽婷的鞭策和鼓励，感谢三华贸易公司、PLANTS DREAM团队伙伴一如既往的理解和支持，更要感谢威海 Open Garden 活动举办7年来所有参与的园主们及默默奉献的志愿者花友们。

我的家人和朋友们也都不遗余力地关注和推动着这本书的出版，让我内心时时充盈着向前奔跑的勇气和力量！谢谢，爱你们！